中等职业教育课程创新精品系列教材

焊接结构生产

主　编　张安彬　杜家奎　欧汉文
副主编　张景辉　陈　刚　凡仕彬
参　编　龙檑镭　何政委　凌中伦　李亚洲

北京理工大学出版社
BEIJING INSTITUTE OF TECHNOLOGY PRESS

内 容 简 介

本书包括绪论及三个项目,主要内容有常见焊接结构及应用、焊接结构的生产、焊接结构的加工工艺、焊接结构的装配与焊接。

本书旨在突出职业教育特点,理论知识深度适宜,注重工程训练的实用性,论述中以实践实训应用为主;编写模式新颖,将需要掌握的知识点进行分解,按项目、任务分层次编写,对于学生知识与能力的提高起到了推动作用。

本书可作为中职、各类成人教育焊接专业教材或培训用书,也可供相关技术人员参考。

版权专有 侵权必究

图书在版编目(CIP)数据

焊接结构生产 / 张安彬,杜家奎,欧汉文主编. --北京:北京理工大学出版社,2023.6
ISBN 978-7-5763-2473-0

Ⅰ.①焊… Ⅱ.①张… ②杜… ③欧… Ⅲ.①焊接结构-焊接工艺-教材 Ⅳ.①TG404

中国国家版本馆 CIP 数据核字(2023)第 106994 号

责任编辑:陆世立		**文案编辑**:陆世立	
责任校对:周瑞红		**责任印制**:边心超	

出版发行 / 北京理工大学出版社有限责任公司	
社　　址 / 北京市丰台区四合庄路 6 号	
邮　　编 / 100070	
电　　话 / (010) 68914026(教材售后服务热线)	
	(010) 68944437(课件资源服务热线)
网　　址 / http://www.bitpress.com.cn	
版印次 / 2023 年 6 月第 1 版第 1 次印刷	
印　　刷 / 定州市新华印刷有限公司	
开　　本 / 889 mm×1194 mm　1/16	
印　　张 / 9	
字　　数 / 184 千字	
定　　价 / 31.00 元	

图书出现印装质量问题,请拨打售后服务热线,负责调换

前言

随着冶金和钢铁工业的发展，一些新工艺、新材料、新技术不断涌现。焊接技术和理论的发展，大大推动了焊接结构及焊接生产的迅猛发展。焊接作为一种重要的制造技术在工业生产和国民经济建设中起着非常重要的作用，是一个国家机械制造和科学技术发展水平的重要标志之一。焊接结构是焊接技术应用于工程实际产品的主要表现形式，是用板材、型材、管材以及铸、锻件经加工后再焊接而成的能承受载荷的钢结构。因为具有质量小、气密性和水密性好、节省工时的优点，所以焊接结构得到了进一步推广和广泛应用。焊接结构在重型机械中所占的比例约为70%，并已经运用于建筑业、造船业、汽车业、石油化工业、国防工业等国民经济的各个领域。焊接生产效率的提高，缩短了产品制造周期，提高了产品质量，提升了焊接生产在工业生产中的地位。可以说，焊接是现代工业生产中主要的加工工艺之一。

焊接结构的发展，必然推动以先进的焊接工艺为基础的焊接生产的发展。一方面，随着现代工业技术与现代焊接领域技术步入发展的"快车道"，对先进的焊接设备需求量越来越大，对焊接结构生产加工人员的技术要求越来越高（一专多能）；另一方面，随着全球新一轮产业结构的调整，从事焊接结构生产技术的中、高级技术工人又非常短缺。基于这种现状，为满足焊接结构生产技术人员的实际需要，我们编写了本书。

本书的编写，从现代职业教育人才培养目标出发，注重教学内容的实用性，结合焊接专业技术岗位特点，贴近焊接生产实际组织教学内容，使学生掌握焊接结构生产的基本知识和基本技能。本书通俗易懂，便于组织教学。

本书主要具有以下特色：

- 本书以党的二十大精神为指引，遵循技术技能人才的培养规律，将劳模精神、劳动精神、工匠精神融入教材内容，体现教材的时代性，激励中职学生走技能成才、技能报国之路。
- 体系完善，知识全面：本书内容全面、新颖，覆盖了焊接结构生产的各个环节，帮助学生解决实际学习与实习过程中的痛点与难点，让读者轻松学会焊接结构生产环节的操作技巧。
- "干货"十足，注重实训：本书从实用性出发，介绍了焊接结构生产的技能，"干货"

十足。本书在讲解理论知识的同时注重实操训练,对操作方法进行了讲解,让学生拿来即用,触类旁通。

● 实用性强,学以致用:将需要掌握的知识点进行分解,按照层次进行编写,理论联系实际、言简意赅、深入浅出、通俗易懂。

本书编写过程中参阅了大量教材和相关资料,吸取了许多有益的内容,由于编者水平有限,书中难免有疏漏和不当之处,恳请使用本书的读者予以批评指正,以臻完善。

编　者

目录

绪论 常见焊接结构及应用 ·· 1
  单元一 梁、柱、桁架结构及应用 ·· 1
  单元二 压力容器焊接结构 ·· 6
  单元三 机器焊接结构 ··· 8
  单元四 焊接结构的技术要求 ·· 11
  单元五 焊接结构的特点 ·· 18

项目一 焊接结构的生产 ·· 21
  任务一 对接焊接结构的生产 ·· 22
  任务二 角接焊接结构的生产 ·· 34
  任务三 管对接焊接结构的生产 ··· 45

项目二 焊接结构的加工工艺 ·· 57
  任务一 钢材的预处理生产 ··· 57
  任务二 焊接结构的加工方案 ·· 67

项目三 焊接结构的装配与焊接 ··· 94
  任务一 焊接结构的装配 ·· 94
  任务二 焊接结构的焊接 ·· 120

参考文献 ·· 137

绪 论
常见焊接结构及应用

焊接结构是指常见的最适宜用焊接方法制造的金属结构。焊接结构几乎渗透到国民经济的各个领域，如工业中的重型与矿山机械、起重与吊装设备、冶金建筑、石油与化工机械、各类锻压机械等；交通航务中的汽车、列车、舰船、海上平台、深潜设备的制造；兵器工业中的常规兵器、炮弹、导弹、火箭的制造；航空航天技术中的人造卫星和载人宇宙飞船的制造等。图0-1所示为鸟巢结构的焊接，图0-2所示为京张高铁构架焊接。因此，焊接结构的应用，仍会在相当长的时间内展现出巨大的优越性。

图 0-1 鸟巢结构的焊接

图 0-2 京张高铁构架焊接

单元一 梁、柱、桁架结构及应用

一、梁结构

工作时承受弯曲的杆件称为梁。梁通常由钢板和型钢拼焊而成，一般在零件下料后即能进行拼装，焊后主要是焊缝和产品外观尺寸的检查，通常不需要进行探伤检测。

常用焊接梁的外形有等断面梁和变断面梁。图0-3所示为梁的组成型式。等断面梁结构简单、制造方便，易于实现自动化焊接，但材料耗量较大。为了合理使用金属材料，可按受力情况设计成不同形式的变断面梁。图0-4所示为变断面梁。

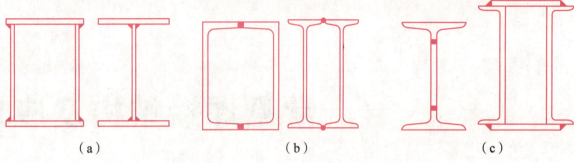

图 0-3 梁的组成型式

(a) 板焊结构梁；(b) 型钢结构梁；(c) 组合梁

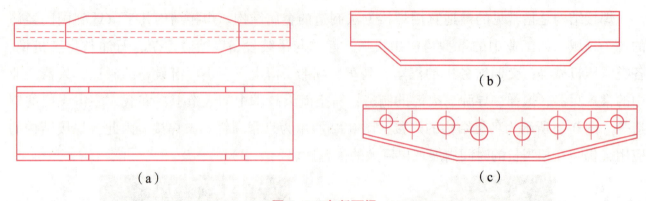

图 0-4 变断面梁

(a) 改变翼缘板宽度；(b) 改变腹板高度；(c) 改变腹板截面积和调试

梁的断面形状有工字形和箱形两类。工字梁由三块钢板组成，结构简单，焊接工作量小，应用最为广泛。箱形梁的断面形状为封闭形，整体结构刚度大，可以承受较大的外力，主要用于同时受到水平和垂直弯矩或转矩作用的工作状况。

梁通常由低碳钢制成，而且钢板厚度也不大，所以焊接变形是制造梁的主要工艺问题。梁的长度与高度之比较大，焊后的变形主要是弯曲变形，当焊接方向不正确时，也会产生扭曲变形。梁结构件承受横向弯曲，应用于载荷和跨度都比较大的场合。图 0-5 所示为钢桥梁结构的制造焊接。

图 0-5 钢桥梁结构的制造焊接

二、柱结构

工作时承受纵向压缩的杆件称为柱，如图 0-6 所示。与梁一样，柱通常由钢板和型钢拼焊而成，在零件下料后即能进行拼装，焊后主要进行焊缝和产品外观尺寸的检查，一般不需要进行探伤检测，主要应用于建筑工程机械和机器结构中，如起重机的支撑臂、龙门起重机的支撑腿等。

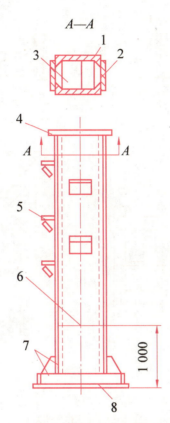

图 0-6 柱的结构示意图

1—盖板；2—主型钢；3—隔板；4—柱顶板；5—托架；6—标记线；7—肋板；8—柱脚板

焊接柱按外形分为实腹柱 [图 0-7 (a)、图 0-7 (b)] 和格构柱 [图 0-7 (c)、图 0-7 (d)] 两种，按断面形状分为等断面柱和变断面柱两种。

与梁一样，柱往往有较长的直角焊缝，所以给自动焊创造了有利条件。图 0-8 所示所示为钢管柱结构的焊接。焊接方式有船形直角焊和非船形直角焊两种，前者有较大的熔深，焊缝表面的成型良好，但需要有专门的焊接装置施焊。

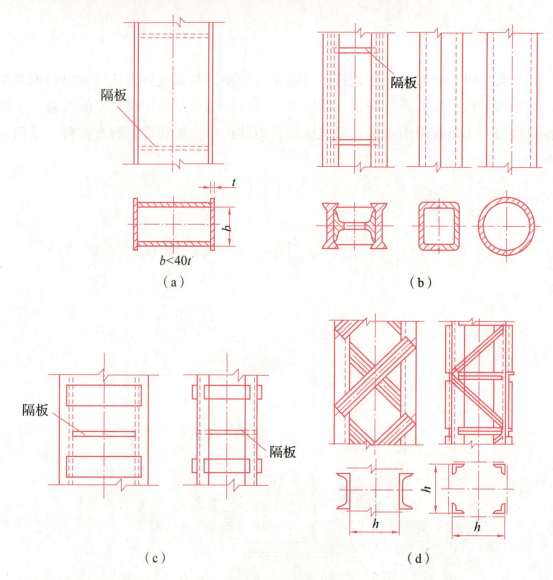

图 0-7 柱的外形

（a）钢板实腹柱；（b）型钢实腹柱；（c）缀板式格构柱；（d）缀条式格构柱

图 0-8 钢管柱结构的焊接

三、桁架结构

焊接桁架是指由直杆在节点处通过焊接相互连接组成的承受横向弯曲的格构式结构。焊接桁架具有材料利用率高、质量小、节省钢材、施工周期短及安装方便等优点。图 0-9 所示为桁架的组成及受力特点,图 0-10 所示为桁架结构在工程上的应用实例,图 0-11 所示为大跨度桁架钢结构。

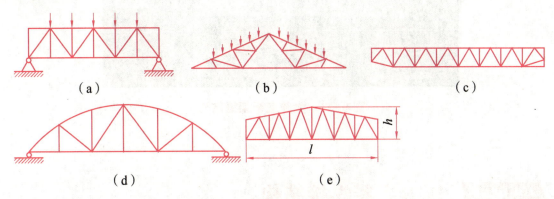

图 0-9 桁架的组成及受力特点

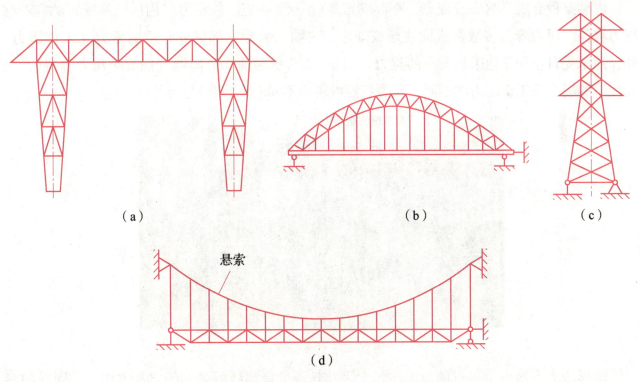

图 0-10 桁架结构在工程上的应用实例

图 0-11　大跨度桁架钢结构

单元二　压力容器焊接结构

内装某种介质（气态或液态、有毒或无毒）、承受一定工作压力（内压或外压）的容器称压力容器。压力容器多数制成圆柱形或球形，它除了承受内部盛放介质的压力（工作压力）外，还承受自重和其他附加设备的重力。图 0-12 所示为油水分离器（储罐类压力容器）。根据使用的场合及工作压力的不同，压力容器可制成不同的形状和尺寸。

图 0-12　油水分离器

球形压力容器由于各点的应力均匀，因此各条拼接焊缝所受到的力基本相等，同样的容积它所用的材料最少（表面积最小），强度又最好。由于球形压力容器制造比较复杂，因此除特殊场合应用外，一般以圆柱形代替，圆柱形压力容器的受力不均匀，纵向焊缝所受到应力要比环向焊缝的应力大一倍。圆柱形压力容器一般由筒体、封头、人孔装置和接管等部件组成。根据设计压力 p 的大小不同，压力容器可分为低压、中压、高压和超高压几种。根据容器压力、介质危害程度及在运行中的重要作用，又将压力容器分为一类容器、二类容器和三类容器，其中三类容器压力最大，介质危害程度最严重，在生产中的重要性最大。根据在实际运行过程中的作用原理不同，压力容器还可分为反应容器、换热容器、分离容器和储运容器。

压力容器的筒体根据壁厚的不同，可分为单层结构和多层结构两种形式。单层压力容器是使用最普遍的一种压力容器结构，其制造方法有圆柱筒体卷焊法、半片筒体拼焊法及锻焊法。圆柱筒体卷焊法是制造筒体的主要方法，它是将钢板在冷态或热态下通过卷板机卷制成筒形，这种方法的优点是只需焊接一条纵缝，但是往往难以达到理想的圆度。半片筒体拼焊法是钢板在水压机上压成两个半片，然后焊接两条纵缝，这种方法容易达到理想的圆度，并且可以制造厚度不同的筒体，常用于厚壁压力容器和小直径压力容器的制造。锻焊法的筒体是整体的锻件，没有纵焊缝，它是单层压力容器的主要制造方法。

多层压力容器常用于厚壁压力容器制造中，应用的方法有绕带法、层板包扎法、绕板法、热套法。多层压力容器每层都存在径向压应力，它与容器内的工作应力方向相反，降低了整个容器的受力水平，并且应力状态比单层的均匀，脆性破坏的危险性减小，更具有安全性；但是结构比较复杂，制造周期长。

由于冷作加工的零件精度低、互换性差，因此在环缝搭装前，要对封头和每个筒体进行编号，测量周长，并标注测得的尺寸，然后根据测量的结果进行选配，特别是对两块钢板拼制的筒体，还应注意筒体的纵缝位置，避免将纵缝布置在禁忌的位置上，造成废品。压力容器的筒体与筒体、筒体与封头的组焊应避免采用十字焊缝，以免使焊缝接头处材料变脆。相邻两筒节间的纵缝以及封头与相邻筒节的纵缝应错开，错开间距应大于筒体厚度的3倍，且不小于100 mm。

筒节纵缝可以采用电渣焊或埋弧焊。环缝由于采用电渣焊收尾有困难，均采用埋弧焊，焊接技术与焊纵缝时相同。由于工业生产的需要，容器的厚度日益增加，因此深坡口窄间隙焊接在压力容器环缝焊接中得到广泛应用。

接管焊缝是压力容器的主要受压焊缝之一，它和压力容器的纵、环焊缝具有同等重要的意义。经验指出，接管焊缝在受压状态下，往往是更容易发生破坏的薄弱区域。压力容器焊缝表面不得有裂纹、气孔、弧坑和夹渣等缺陷，焊缝咬边不得大于 0.5 mm，咬边连续长度应不大于 100 mm，焊缝两侧咬边的总长不得超过该焊缝长度的 10%，低温容器焊缝不得有咬边；角焊缝应有圆滑过渡至母材的几何形状；打磨焊缝表面消除缺陷或机械损伤后的厚度应不小于母材的厚度。

球形压力容器一般称作球罐，主要用来储存带有压力的气体或液体。球罐按其瓣片形状分为足球瓣式、橘瓣式及混合式，如图0-13所示。足球瓣式球罐的优点是所有瓣片的形状、尺寸都一样，材料利用率高，下料和切割比较方便，但大小受钢板规格的限制。混合式橘瓣式球罐因安装较方便，焊缝位置较规则，目前应用最广泛，且按直径大小和钢板尺寸分为三带、四带、五带和七带橘瓣式球罐。混合式球罐的中部用橘瓣式，上极和下极用足球瓣式，常用于较大型球罐。一个完整的球罐，往往需要数十块或数百块的瓣片。

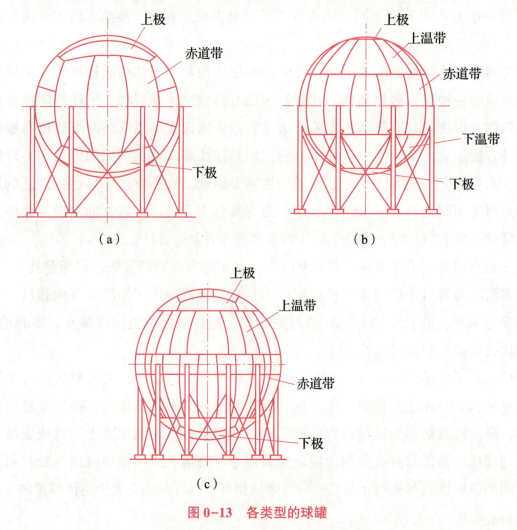

图 0-13　各类型的球罐
(a) 足球瓣式；(b) 橘瓣式；(c) 混合式

球罐的各球瓣下料、坡口、装配精度等尺寸均要确保质量，这是保证球罐质量的先决条件。另外，由于工作介质和压力、环境的要求，且返修困难，故焊接质量要严格控制，要保证受压均匀。焊接变形也要严格控制，这必须有合适的工夹具来配合及正确的装焊顺序。

球罐一般先在厂内预装，然后将零件编号，运输到工地上组装焊接。球罐的焊缝多数采用焊条电弧焊，要求焊工的技术水平较高，并要有严格的检验制度，对每个生产环节都要认真对待。

单元三　机器焊接结构

机器焊接结构主要包括机床大件（床身、立柱、横梁等）、压力机机身、减速器箱体卷扬筒、轴承支座、连杆、摇臂及大型机器零件等。这类结构通常在交变载荷或多次重复载荷的状态下工作，应具有良好的动载性能和刚度，保证机械加工后的尺寸精度和使用稳定性等。

一、切削机床床身焊接结构

切削机床的焊接床身如图 0-14 所示。切削机床采用焊接结构可提高结构质量,缩短生产周期和降低成本,尤其单件小批生产的大型和重型机床,采用焊接结构的经济效果非常明显。焊接床身特别适用于单件小批量生产的大型和专用机床。

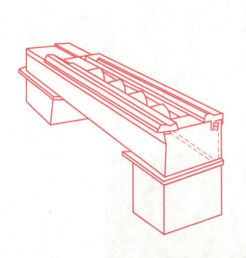

图 0-14 切削机床的焊接床身

生产中,床身选用轧制的板材和型钢组焊而成,可选用低碳钢和普通低合金结构钢作为基体材料;要求焊接床身具有较好的尺寸稳定性,主要问题是如何控制焊接变形和残余应力;采用减小焊接变形的合理结构,减少焊缝数量;还可将复杂的结构分解成几个部件进行制造和矫正,尽量减少最后总装焊时的焊缝数量;残余应力通常采用热处理的方法加以消除。钢的减振性能不如铸铁,但减振性可以通过构造形式的设计加以改善。

二、压力机机身焊接结构

压力机加工的零件精度要求比切削加工件低,但在运行过程中会产生很大的作用力要由机身承受,因此压力机机身(图 0-15)除要求保证必要的刚度外,还要求具有较高的强度。

焊接机身主要承受动载荷的作用,因此生产过程中应尽可能降低关键部位的应力集中,以免产生疲劳破坏。焊接完成后,还要经过热处理消除残余应力。

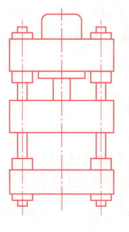

图 0-15 压力机机身

三、减速箱体焊接结构

减速箱是安装各传动轴的基体，要求箱体具有足够的刚度。采用焊接钢结构箱体（图0-16）能获得较大的强度和刚度，且结构紧凑，成本较低。钢制箱体比铸铁箱体轻很多，特别适用于起重机、运输机械等经常运动的结构。

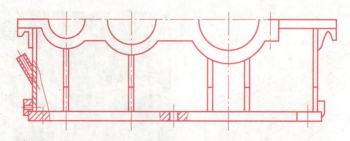

图0-16 焊接钢结构箱体

生产中，一般把整个箱体沿某一剖面划分成两半，分别加工制造，然后在剖分面处通过法兰和螺栓把两个半箱连接成整体。剖分面上的三个轴承座连成一个整体（在一块厚钢板上用精密气割切成），轴承座下侧用垂直肋板加强，并与壁板焊接成整体。壁板焊接时必须采用连续焊缝以防止漏油，焊后还应进行渗漏检查。下箱体主要承受传动轴的作用力并与地基固定，因此必须采用较厚的钢板（特别是底板和法兰）。箱体选用的材料多为低碳钢，焊接成型后需要进行热处理以消除残余应力。

四、轮的焊接结构

轮可分为工作部分和基体部分（图0-17），工作部分是直接与外界接触并实现轮的功能的部分，如齿轮中的轮齿等；基体部分对工作部分起支承和传递动力的作用，由轮缘、辐板和轮毂组成。轮齿直接在轮缘上制出，此种结构的轮缘材料必须能满足轮缘与辐板焊接工艺性能的要求。轮缘与轮齿分开制作再焊接，此种结构轮缘材料可选用焊接性好的Q235A钢或16Mn钢等普通结构钢制作。轮毂是轮体与轴相连的部分，转动力矩通过轮毂与轴的过盈配合或键进行传递，因此所用材料的强度较轮辐略高，可选用35钢或45钢制作。

图 0-17 轮的焊接结构

单元四 焊接结构的技术要求

焊接结构的主要技术要求有工艺特点、技术条件、用途、工作条件、受力情况及产量等有关方面。

一、降低应力集中程度

应力集中不仅是降低疲劳强度的主要原因，还是引起结构产生脆性断裂的主要原因，它对结构强度有很坏的影响。为了减少应力集中，应尽量使结构表面平滑过渡并采用合理的接头形式。一般从以下几个方面考虑：

1. 尽量避免焊缝过于集中

如图 0-18（a）所示，用八块小肋板加强轴承套，许多焊缝集中在一起，存在着严重的应力集中，不适合承受动载荷。如果采用图 0-18（b）所示的形式，则不仅降低了应力集中，还使工艺性得到了改善。

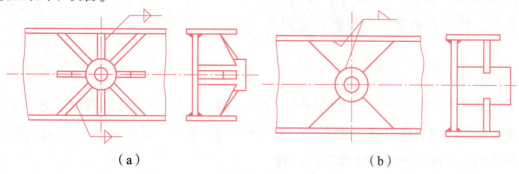

（a） （b）

图 0-18 肋板的形状与位置比较

（a）不合理；（b）合理

图 0-19（a）所示结构焊缝交叉、密集和重叠，存在不同程度的应力集中，且可焊到性差；若改成图 0-19（b）所示结构，其应力集中和可焊到性都得到改善。

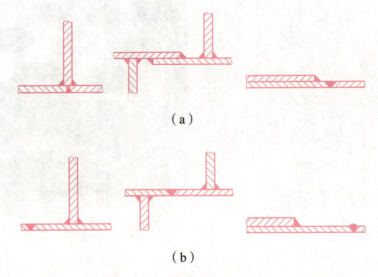

图 0-19 焊缝布置与应力集中的关系
（a）不合理；（b）合理

2. 尽量采用合理的接头形式

对于重要的焊接接头应开坡口，防止因未焊透而产生应力集中。应设法将角接接头和T形接头转化为应力集中系数小的对接接头。例如，将图 0-20（a）所示的接头转化为图 0-20（b）所示的形式，实质上是把焊缝从应力集中大的位置转移到应力集中小的位置，同时也改善了接头的工艺性。应当指出，在对接接头中只有当力能够从一个零件平缓地过渡到另一个零件上去时，应力集中才是最小的。

3. 尽量避免构件截面的突变

在截面突变的地方必须采用圆滑过渡或平缓过渡，不要形成尖角；在厚板与薄板或宽板与窄板对接时，均应在板的结合处有一定斜度，使之平滑过渡。

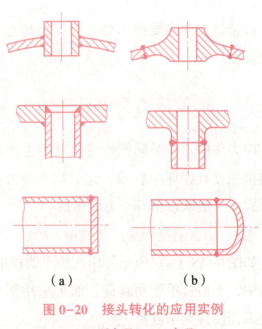

图 0-20 接头转化的应用实例
（a）不合理；（b）合理

4. 应用复合结构

复合结构具有发挥各种工艺长处的特点，它可以采用铸造、锻造和压制工艺，将复杂的接头简化，把角焊缝改成对接焊缝。这样，不仅降低了应力集中，还改善了工艺性。图 0-21 所示为应用复合结构把角焊缝改为对接焊缝的实例。

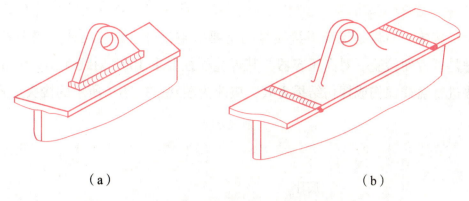

图 0-21 应用复合结构把角焊缝改为对接焊缝的实例

(a) 原设计的板焊结构；(b) 改进后的复合结构

二、生产工艺合理

1. 尽量使结构具有良好的可焊到性

可焊到性是指结构上每一条焊缝都能得到很方便的施焊。在审查工艺时要注意结构的可焊到性，避免因不易施焊而造成焊接质量不合格。例如，图 0-22（a）所示结构没有必要的操作空间，很难施焊，如果改成图 0-22（b）所示的形式，就具有良好的可焊到性。厚板对接时，一般开成 X 形或双 U 形坡口，若在构件不能翻转的情况下，就会造成大量的仰焊焊缝，不仅劳动条件差，质量还很难保证，这时就必须采用 V 形或 U 形坡口来改善其工艺性。

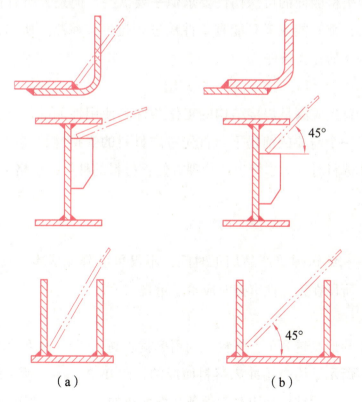

图 0-22 可焊到性比较

(a) 不合理；(b) 合理

2. 保证接头具有良好的可探伤性

严格检验焊接接头质量是保证焊接质量的重要措施,对于焊接结构上需要检验的焊接接头,必须考虑是否方便检验。对高压容器,其焊缝往往要求100%射线探伤。图0-23(a)所示的接头无法进行射线探伤或探伤结果无效,应改为图0-23(b)所示的接头形式。

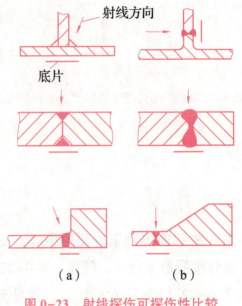

图0-23 射线探伤可探伤性比较
(a) 不合理;(b) 合理

超声波探伤对接头检测面的可探伤性要求似乎要低些。但是,所有存在间隙的T形接头和未焊透的对接接头,都不能或者只能有条件地进行超声波检测。所以,接头的根部处理与焊透是采用超声波探伤的先决条件。

3. 尽量选用焊接性良好的材料制造焊接结构

在结构选材时,首先应满足焊接结构的工作条件和使用性能的需要,其次是满足焊接特点的需要。在满足第一个需要的前提下,首先考虑材料的焊接性,其次考虑材料的强度。另外,在结构设计具体选材时,为了使生产管理方便,材料的种类、规格及型号也不宜过多。

三、节约材料缩短加工时间

合理地节约材料和缩短焊接产品加工时间,不仅可以降低成本,还可以减轻产品质量,便于加工和运输等,所以在工艺性审查时应给予重视。

1. 合理利用材料

一般来说,零件的形状越简单,材料的利用率就越高。图0-24所示为法兰盘备料的三种方案,图0-24(a)所示结构是用冲床落料而成的,图0-24(b)所示结构是用扇形片拼接而成的,图0-24(c)所示结构是用气割板条热弯而成的。材料的利用率按图0-24(a)~图0-24(c)所示方案顺序提高,但所需工时也按此顺序增加,哪种方案好要综合比较才能确定。若法兰直径小、生产批量大,则应选图0-24(a)所示方案;若法兰直径大且窄、批量又小，应选用图 0-24（c）所示方案；而尺寸大、批量也大时，图 0-24（b）所示方案就更优越。又如，锯齿合成梁如果用工字钢通过气割 [图 0-25（a）]，再焊成锯齿合成梁 [图 0-25（b）]，就能节省大量的钢材和焊接工时。

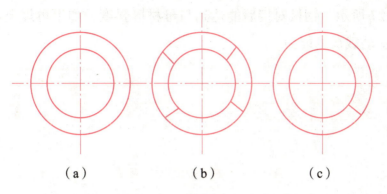

图 0-24　法兰盘备料的三种方案

(a) 冲床落料而成；(b) 扇形片拼接而成；(c) 气割板条热弯而成

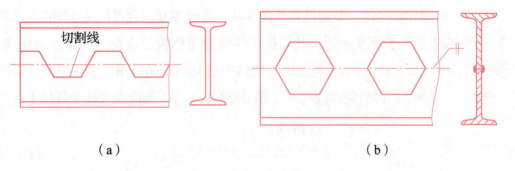

图 0-25　锯齿合成梁

2. 是否有利于减少生产劳动量

在焊接结构生产中，如果不努力节约人力和物力，不提高生产率和降低成本，就会失去竞争能力。除了在工艺上采取一定的措施外，还必须从设计上使结构有良好的工艺性。减少生产劳动量的办法很多，归纳起来主要有以下几个方面：

（1）确定合理的焊缝尺寸。工作焊缝的尺寸，通常用等强度原则来计算求得。但只靠强度计算有时是不够的，还必须考虑结构的特点及焊缝布局等问题。例如，焊脚小而长度大的角焊缝，在强度相同的情况下具有比大焊脚短焊缝省料省工的优点。图 0-26 所示焊脚尺寸为 K、长度为 $2L$ 和焊脚尺寸为 $2K$、长度为 L 的角焊缝强度相等，但焊条消耗量前者仅为后者的一半。在板料对接时，应采用对接焊缝，避免采用斜焊缝。

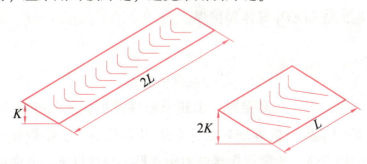

图 0-26　等强度的长短角焊缝图

(2) 尽量取消多余加工。对单面坡口背面不进行清根处理的对接焊缝,通过修整焊缝表面来提高接头的疲劳强度是多余的,这是因为焊缝背面依然存在应力集中。对结构中的联系焊缝,要求开坡口或焊透也是多余的,这是因为焊缝受力不大。用盖板加强对接接头是不合理的设计,如图0-27所示。钢板对接后能达到与母材等强度,如果再焊上盖板,就会使焊缝集中而降低结构承受动载荷的能力。

图 0-27 加盖板的对接接头

(3) 尽量减少辅助工时。焊接结构生产中辅助工时一般占有较大的比例,减少辅助工时对提高生产率有重要意义。结构中焊缝所在位置应使焊接设备调整次数最少,焊件翻转的次数最少。

(4) 尽量利用型钢和标准件。型钢具有各种形状,经过相互组合可以构成刚性更大的各种焊接结构。对同一种结构如果用型钢来制造,其焊接工作量比用钢板制造要少得多。图0-28所示为变截面工字梁结构,图0-28(a)所示结构是用三块钢板组成的,如果用工字钢组成,可将工字钢用气割分开 [图0-28(b)],再组装焊接起来 [图0-28(c)],就能大大减少焊接工作量。

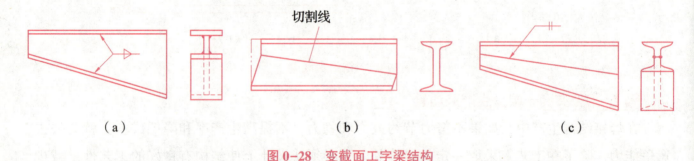

图 0-28 变截面工字梁结构

(5) 采用先进的焊接方法。埋弧焊的熔深比焊条电弧焊大,有时不需要开坡口,从而节省工时;采用 CO_2 气体保护焊时,不但成本低、变形小,而且不需清渣。在设计结构时应使接头易于使用上述较先进的焊接方法。图0-29(a)所示的箱形结构可用焊条电弧焊焊接,若做成图0-29(b)所示的箱形结构,就可使用埋弧焊和 CO_2 气体保护焊。

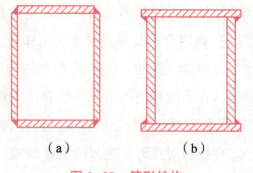

图 0-29 箱形结构

四、减小焊接应力与变形

焊接是局部加热过程,焊缝在高温时产生压缩塑性变形,从而导致焊件冷却后产生残余变形和残余应力。这是焊接生产的客观现象,是不可避免的。它给焊接生产带来诸多不便,也影响结构的精度和使用寿命。为降低焊接应力和变形,应从以下几方面审查:

1. 尽可能减少结构上的焊缝数量和焊缝的填充金属量

图 0-30 所示的框架转角,就有两个设计方案。图 0-30(a)所示为用许多小肋板构成放射形状来加固转角的;图 0-30(b)所示为用少数肋板构成屋顶的形状来加固转角,这种方案不但提高了框架转角处的刚度与强度,而且焊缝数量又少,减少了焊后的变形和复杂的应力状态。

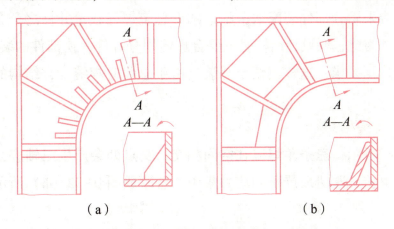

图 0-30 框架转角处加强肋布置的比较

2. 尽可能选用对称的构件截面和焊缝位置

焊缝对称于构件截面中性轴或焊缝接近中性轴时,焊后能使弯曲变形控制在较小的范围。图 0-31 为各种构件截面和焊缝位置与焊接变形的关系。图 0-31(a)所示构件的焊缝都在 x—x 轴一侧,最容易产生弯曲变形;图 0-31(b)所示构件的焊缝位置对称于 x—x 和 y—y 轴,焊后弯曲变形较小,且容易防止;图 0-31(c)所示构件由两根角钢组成,焊缝位置与截面重心并不对称,若把距重心线近的焊缝设计成连续的,把距重心线远的焊缝设计成断续的,就能减小构件的弯曲变形。

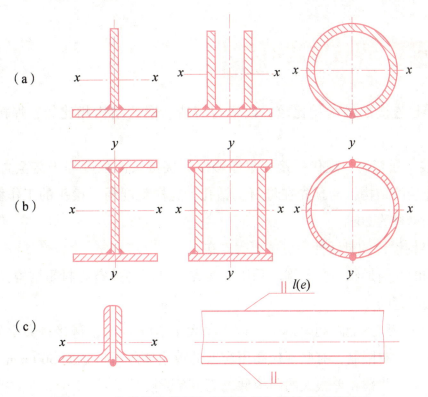

图 0-31 各种构件截面和焊缝位置与焊接变形的关系

3. 尽量减小焊缝截面尺寸

在不影响结构的强度与刚度的前提下，尽可能地减小焊缝、截面尺寸或把连续角焊缝设计成断续角焊缝，减小焊缝截面尺寸和长度，进而减小塑性变形区的范围，使焊接应力与变形减小。

4. 采用合理的装配焊接顺序

对复杂的结构应采用分部件装配法，尽量减少总装焊缝数量并使之分布合理，这样能大大减小结构的变形。为此，在设计结构时就要合理地划分部件，使部件的装配焊接易于进行，并且焊后经矫正能达到要求，这样就便于总装。由于总装时焊缝少，结构的刚性大，因此焊后的变形就很小。

5. 尽量避免焊缝相交

如图 0-32（a）所示，三条角焊缝在空间相交，交点处会产生三轴应力，使材料塑性降低，同时可焊到性也差，并造成严重的应力集中；若改成图 0-32（b）所示的形式，则能克服以上缺点。

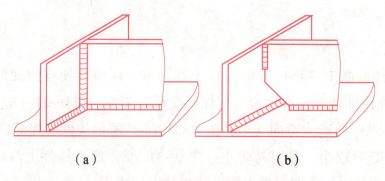

图 0-32 空间相交焊缝的方案

单元五　焊接结构的特点

与铆接、螺栓连接的结构相比较，或者与铸造、锻造结构相比较，焊接结构具有下列优点：

（1）焊接接头强度高。现代焊接技术能够使焊接接头的强度等于甚至高于母材的强度；而铆接或螺栓连接的结构，需预先在母材上钻孔，这样就削弱了接头的工作截面，从而导致接头的强度低于母材约 20%。

（2）焊接结构设计的灵活性大。主要表现在：

①焊接结构的几何形状不受限制。采用焊接方法可以制造空心封闭结构，而采用铆、铸、锻等方法是无法制造的。

②焊接结构的壁厚不受限制。铆接结构板厚大于 50 mm 时，铆接将会十分困难；但焊接结构在厚度上基本没有限制，有些现代高压容器的单层壁厚可以达到 300 mm。被焊接的两构件可厚可薄，而且厚与薄相差很大的两构件也能相互焊接。

③焊接结构的外形尺寸不受限制。对于大型金属结构可分段制成部件,现场组装焊接成整体,而锻造或铸造结构均受到自身工艺和设备条件限制,外形尺寸不能做得很大。

④可以充分利用轧制型材组焊成所需的结构。这些轧制型材可以是标准的或非标准(专用)的,这样的结构质量小、焊缝少。目前,许多大型起重机和桥梁等都采用型材制造。

⑤可实现异种材料的连接。在同一结构的不同部位可按需要配置不同性能的材料,然后把它们焊接成一个实用的整体,充分发挥材料各自的性能,做到物尽其用。

⑥可与其他工艺方法联合制造。例如,设计铸—焊、锻—焊、栓—焊、冲压—焊接等金属结构。

(3) 焊接接头密封性好。制造铆接结构时必须捻缝以防止渗漏,但是在使用期间很难保证水密性和气密性的要求,而焊接结构焊缝处的水、油、气的密封性是其他连接方法无法比拟的,特别是在高温、高压容器结构上,只有焊接才是最理想的连接形式。

(4) 焊前准备工作简单。特别是近年来数控精密气割技术的发展,对于各种厚度或形状复杂的待焊件,不必预先画线就能直接从板料上切割出来,一般不再进行机械加工就能投入装配和焊接。

(5) 易于结构的变更和改型。与铸、锻工艺相比,焊接结构的制造无须铸型和模具,因此成本低、周期短。特别是制作大型或重型、结构简单而且是单件或小批量生产的产品结构时,具有明显的优势。

(6) 成品率高。一旦出现焊接缺陷,可容易实现修复,因此很少产生废品。

同时,焊接结构存在以下缺点。

(1) 存在焊接应力和变形。焊接是一个局部不均匀加热的过程,不均匀的温度场会导致热应力的产生,并由此造成残余塑性变形和残余应力,以及引起结构的变形。这对结构的性能造成一定的影响,如焊接应力可能导致裂纹,残余应力对结构强度和尺寸稳定性不利。为避免这类问题,常需要进行消除应力处理和变形校正,因而会增加工作量和生产成本。

(2) 对应力集中敏感。焊接接头具有整体性,其刚度大,焊缝的布置、数量和次序等都会影响到应力分布,并对应力集中较为敏感。而应力集中点是结构疲劳破坏和脆性断裂的起源,因此在焊接结构设计时要尽量避免或减少产生应力集中的一切因素,如处理好断面变化处的过渡、保证良好的施焊条件避免结构因焊接困难而产生焊接缺陷等。

(3) 焊接接头的性能不均匀。焊缝金属是由母材和填充金属在焊接热作用下熔合而成的铸造组织,靠近焊缝金属的母材(近缝区)受焊接热影响而发生组织和性能的变化(焊接热影响区),因此焊接接头在化学成分、组织和性能上都是一个不同于母材的不均匀体,其不均匀性远远超过了铸、锻件。这种不均匀性对结构的力学行为,特别是对断裂行为有重要影响。因此,在选择母材和焊接材料以及制订焊接工艺时,应保证焊接接头的性能符合产品的技术要求。

(4) 对材料敏感,易产生焊接缺陷。各种材料的焊接性存在较大的差异,有些材料焊接性极差，很难获得优质的焊接接头。由于焊接接头在短时间内要经历材料冶炼、冷却凝固和焊后热处理三个过程，因此焊缝金属中常常会产生气孔、裂纹和夹渣等焊接缺陷。例如，一些高强钢和超高强度钢在焊接时容易产生裂纹，铝合金焊缝金属中容易产生气孔。这些都对结构的强度很不利，所以对材料的选择必须特别注意。

项目一

焊接结构的生产

项目导入

焊接技术在建筑领域已经应用了近百年,在建筑中发挥着重要的作用。目前,世界主要工业国家每年生产的焊接结构占钢产量的45%,全世界每年焊接结构产品可达数十亿吨。

焊接结构应用在各种建筑物和工程构筑物上,类型众多,其分类方法也不尽相同,各分类方法之间也有交叉和重复现象。即使同一焊接结构中也有局部的不同结构形式,因此很难准确和清晰地对其进行分类,通常可从用途(使用者)、结构形式(设计者)和制造方式(生产者)来进行分类,如表1-1所示。

表1-1 焊接结构的类型

分类方法	结构类型	焊接结构的代表产品	主要受力载荷
按用途分类	运载工具	汽车、火车、船舶、飞机、航天器等	静载、疲劳、冲击静载
	储存容器	球罐、气罐等	静载
	压力容器	锅炉、钢包、反应釜、冶炼炉等	静载、热疲劳载荷
	起重设备	建筑塔吊、车间行车、港口起重设备等	静载、低周疲劳
	建筑设施	桥梁、钢结构的房屋、厂房、场馆等	静载、风雪载荷、低周疲劳
	焊接机器	减速机、机床机身、旋转体等	静载、交变载荷
按结构形式分类	桁架结构	桥梁、网架结构等	静载、低周疲劳
	板壳结构	容器、锅炉、管道等	静载、热疲劳载荷
	实体结构	焊接齿轮、机身、机器等	静载、交变载荷
按制造方式分类	铆焊结构	小型机器结构等	静载
	栓焊结构	桥梁、轻钢结构等	静载、风雪载荷、低周疲劳
	铸焊结构	机床机身等	静载、交变载荷
	锻焊结构	机器、大型厚壁压力容器等	静载、交变载荷
	全焊结构	船舶、压力容器、起重设备等	静载、低周疲劳

任务一　对接焊接结构的生产

学习目标

知识目标
1. 了解对接焊接结构及技术要求；
2. 掌握对接焊接结构加工工艺。

能力目标
1. 能够对对接焊接结构进行质量检测；
2. 能够对对接焊接结构进行简单生产。

素质目标
1. 通过本任务的学习，强化职业道德素养；
2. 提高分析、解决实际问题的能力，养成一丝不苟的严谨作风；
3. 激发自主学习能力和热情。

知识储备　焊接接头、焊缝类型及焊接技术要求

一、焊接接头

焊接接头是组成焊接结构的关键元件，它的性能与焊接结构的性能和安全等方面有直接的关系。因此，为了不断提高焊接接头的性能和质量，多年来许多焊接工作者对影响其性能的各种因素做了大量的试验研究工作，取得了许多重大成果，扩大了焊接结构的应用范围，提高了焊接结构的安全可靠性。但是，焊接结构的破坏事故并未完全消除，尤其是在如今新钢种不断出现、采用高强度钢制造大型结构逐日增多的情况下，对焊接接头性能的研究仍是一项重要任务。

焊接接头就是用焊接方法连接起来的不可拆卸的接头，简称接头。在焊接结构中，焊接接头通常要发挥两方面的作用：一是连接作用，即把被焊工件连接成一个整体；二是传力作用，即传递被焊工件所承受的载荷。根据化学成分、金相组织、力学性能的不同，熔化焊焊接接头一般可分为焊缝金属、熔合区、热影响区及其邻近的母材，如图1-1所示。

影响焊接接头性能的因素较多，如图1-2所示。这些因素可归纳为两个方面：一是力学方面的影响因素，二是材质方面的影响因素。

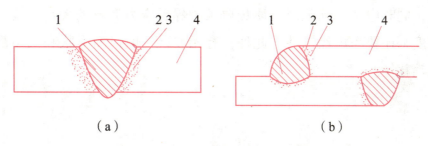

图1-1 熔化焊焊接接头的组成

（a）对接接头断面图；（b）搭接接头断面图

1—焊缝金属；2—熔合区；3—热影响区；4—母材

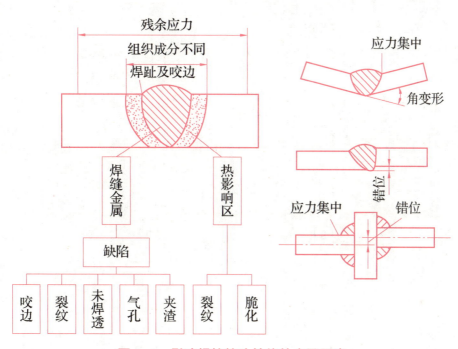

图1-2 影响焊接接头性能的主要因素

在力学方面影响焊接接头性能的因素有接头形状不连续、焊接缺陷、残余应力和焊接变形等。接头形状的不连续，如焊缝余高和施焊中可能造成的接头错位等，都是应力集中的根源；特别是未焊透和焊接裂纹等焊接缺陷，往往是接头破坏的起点。

两焊件相对平行，表面构成大于或等于135°、小于或等于180°的夹角，即两板件相对端面焊接而形成的接头称为对接接头。从力学角度来看，对接接头是比较理想的接头形式，与其他类型的接头相比，它的受力状况最好，应力集中程度较小，能承受较大的静载荷或动载荷，是焊接结构中采用最多也是最完善的一种接头形式。

焊接对接接头时，为了保证焊接质量、减小焊接变形和焊接材料消耗，根据板厚或壁厚的不同，往往把被焊工件的对接边缘加工成各种形式的坡口，进行坡口对接焊。对接接头常用的坡口形式有单边卷边、双边卷边、I形、V形、单边V形、带钝边U形、带钝边J形、双V形、带钝边双U形及带钝边双J形等，如图1-3所示。

开坡口的根本目的是使焊缝根部焊透，确保焊接质量和接头性能，对合金钢来说，坡口还能起到调节母材金属和填充金属比例的作用。坡口形式的选择主要取决于板材厚度、焊接方法和工艺过程，同时应考虑满足焊接质量要求、焊后应力变形的大小、坡口加工的难易程度和焊接施工难度，还要考虑经济性。此外，有无坡口、坡口的形状和大小都将影响坡口加工成本和焊条的消耗量。

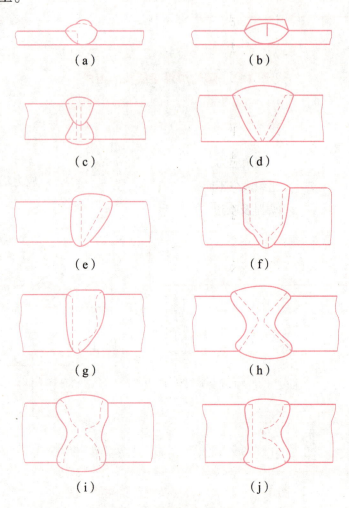

图 1-3　对接接头坡口形式

(a) 单边卷边；(b) 双边卷边；(c) I 形；(d) V 形；(e) 单边 V 形；(f) 带钝边 U 形；
(g) 带钝边 J 形；(h) 双 V 形坡口；(i) 带钝边双 U 形；(j) 带钝边双 J 形

V 形坡口是最常用的坡口形式，这种坡口加工方便，但同样厚度焊件的焊条消耗量比 X 形坡口大得多，且焊缝不对称会引起焊后较大的角变形。X 形坡口由于焊缝对称，从两面施焊产生均匀的收缩，因此角变形很小，此外焊条消耗量也较少；但焊接时需要翻转焊件。U 形坡口焊条消耗量比 V 形坡口少，但同样由于焊缝不对称将产生角变形。双 U 形坡口焊条消耗量最小，变形也均匀。与 X 形和 V 形坡口比较，U 形和双 U 形坡口加工较复杂，一般只在较重要的及厚大的构件中采用。

二、焊缝类型

焊缝是构成焊接接头的主体部分，焊缝按不同分类方法可分为下列几种形式：按焊缝在空间位置的不同，可分为平焊缝、立焊缝、横焊缝及仰焊缝四种形式；按焊缝结合形式不同，可分为对接焊缝、角焊缝、塞焊缝、槽焊缝和端接焊缝五种形式；按焊缝断续情况分为定位焊缝、连续焊缝和断续焊缝三种形式。下面主要介绍对接焊缝和角焊缝两种基本形式。对接焊缝是沿着两个焊件之间形成的，其焊接接头可采用卷边、平对接或加工成 V 形、X 形、K 形和 U 形等坡口。

在焊接生产中，通常使对接接头的焊缝略高于母材板面，高出部分称为余高。焊缝余高可避免熔池金属在凝固收缩时产生焊接缺陷，增大焊缝截面承受静载荷的能力。但余高过大将产生应力集中，使疲劳寿命缩短。

对接接头的应力分布如图 1-4 所示。

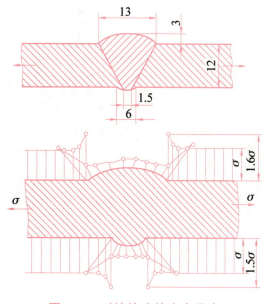

图 1-4 对接接头的应力分布

三、焊接技术要求

对接焊缝焊接完成后，目测焊缝外观质量，焊缝两侧应圆滑过渡至母材金属，表面不得有裂纹、未熔合、夹渣、气孔和焊瘤等缺陷，可做相应的无损检测和力学性能检测。

任务分析　对接焊接结构加工工艺

以 V 形坡口平对接单面焊双面成型的焊接工艺为例，对接焊接结构加工工艺，包括焊前准备、操作要领。

一、焊前准备

1. 工件

300 mm×100 mm×12 mm 的 Q235A 钢板（两块），进行 60°±2°坡口加工，焊接工件示意图如图 1-5 所示。

2. 焊条

E4303（J422）：φ2.5 mm、φ3.2 mm、φ4.0 mm；E4315（J507）：φ2.5 mm、φ3.2 mm、φ4.0 mm；焊前，碱性焊条应在 350~400 ℃烘干 2 h；若选用酸性焊条，则应在 100~150 ℃烘干 2 h。

3. 焊机

额定电流大于 300 A 的手工电弧焊焊机一台。

4. 辅助工具

头戴式焊帽、焊工手套、磨光机、钢丝刷、敲渣锤、錾子等。

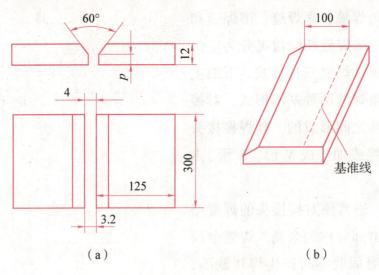

图 1-5 焊接工件示意图

二、操作要领

1. 焊前清理

焊前需将坡口面和靠近坡口上、下两侧 20 mm 内的钢板上的油、锈、水分及其他污物打磨干净，至露出金属光泽，如图 1-6 和图 1-7 所示。

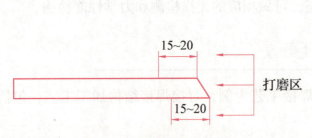

图 1-6 打磨区域示意图

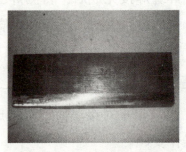

图 1-7 焊接试件打磨

2. 工件组装定位焊

预置装配间隙，起端间隙 2.5 mm，终端间隙 3.2 mm（可用 2.5 mm 和 3.2 mm 的焊芯夹在两头）。工件两端进行定位焊，定位焊缝长 10 mm 左右并且牢固，如图 1-8 所示。为防止焊后变形，应做 2°~3° 反变形，如图 1-9 所示，错边量 ≤ 0.6 mm。

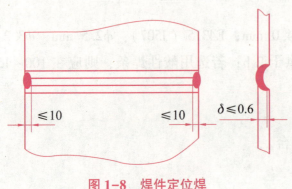

图 1-8 焊件定位焊

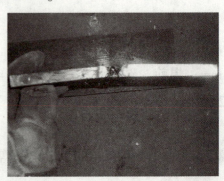

图 1-9 预置反变形

3. 打底层（第一层）焊道：应保证得到良好的背面成型

单面焊双面成型的打底层，操作方法有连弧焊与断弧焊两种。

1）连弧焊

连弧焊特点是在焊接过程中电弧燃烧不间断，采取较小的坡口钝边间隙，选用较小的焊接电流，始终保持短弧连续施焊。连弧焊仅要求焊工保持平稳和均匀的运条，操作手法没有较大变化，容易掌握。连弧焊焊缝背面成型比较细密、整齐，能够保证焊缝内部质量要求，但对装配质量要求高，参数选择要求严，故操作难度较大，易产生烧穿和未焊透等缺陷。

2）断弧焊

断弧焊（又分为两点击穿法和一点击穿法）特点是依靠电弧时燃时灭的时间长短来控制熔池的温度，因此，焊接工艺参数的选择范围较宽，易掌握，但生产效率低，焊接质量不如连弧法易保证，且易出现气孔、冷缩孔等缺陷。

这里介绍的是断弧焊一点击穿法，如图1-10所示。采用断弧焊一点击穿法，短弧焊接，焊条与焊接方向的夹角为60°左右，与两侧工件夹角为90°。将焊件大装配间隙置于右侧，在焊件左端定位焊缝处引弧，并用长弧（约3.2 mm）在该处稍作停留进行预热，然后压低电弧（约2 mm）两钝边兼作横向摆动。当钝边熔化的铁水与焊条金属熔滴连在一起（约1 s），并听到"噗噗"声时，便形成第一个熔池，灭弧。它的运条动作特点：每次接弧时，焊条中心应对准熔池的2/3左右处，电弧同时熔化两侧钝边。正式焊接如图1-11所示。当听到"噗噗"声后，果断灭弧，使每个熔池覆盖前一个熔池的2/3左右。

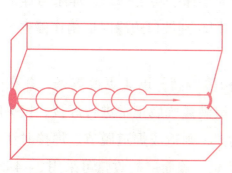

图1-10　断弧焊一点击穿法

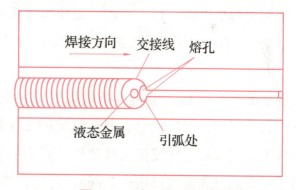

图1-11　断弧正式焊接

操作时必须注意：若接弧位置选在熔池后端，接弧后再把电弧拉至熔池前端灭弧，则易造成焊缝夹渣。此外，在封底焊时，还易产生缩孔。解决办法是提高灭弧频率，由正常50~60次/min，提高到80次/min左右。

更换焊条时的接头方法：在换焊条收弧前，在熔池前做一个熔孔，然后回焊10 mm左右，再收弧，以使熔池缓慢冷却。迅速更换焊条，在弧坑后部20 mm左右处起弧，用长弧对焊缝预热，在弧坑后10 mm左右处压低电弧，用连续手法运条到弧坑根部，并将焊条往熔孔中压下，听到"噗噗"击穿声后，停顿2 s左右灭弧，即可按断弧焊一点击穿法进行正常操作，打底层焊接时的焊条角度如图1-12所示。

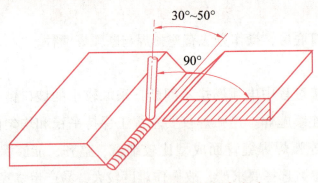

图 1-12　打底层焊接时的焊条角度

4. 填充层焊道

填充焊前先将前一道焊缝熔渣、飞溅清除干净，修正焊缝的过高处与凹槽。进行填充焊时，应选用较大的电流，焊条与焊接前进方向的角度为 60°左右。运条方法可采用月牙形或锯齿形，摆动幅度应逐层加大，并在两侧稍作停留。

填充焊时应注意以下几点：

（1）摆动到两侧坡口处要稍作停留，保证两侧有一定的熔深，并使填充焊道略向下凹。

（2）最后一层的焊缝高度应低于坡口边缘 0.5~1.5 mm，最好略呈凹形，以便使盖面时能看清坡口掌握焊缝宽度和高度。

（3）各填充层焊接时其焊缝接头应错开。

5. 盖面层焊道

所使用的焊接电流应稍小一点，要使熔池形状和大小保持均匀一致，焊条与焊接方向夹角应保持 75°左右；采用月牙形或 8 字形运条法；焊条摆动到坡口边缘时应稍作停顿，以免产生咬边。

盖面层的接头方法：更换焊条收弧时应对熔池稍填熔滴，迅速更换焊条，并在弧坑前 10 mm 左右处引弧，然后将电弧退至弧坑的 2/3 处，填满弧坑后正常进行焊接。接头时应注意：若接头位置偏后，则使接头部位焊缝过高；若偏前，则造成焊道脱节。焊接时注意保持熔池边沿不得超过表面坡口棱边 2 mm；否则，焊缝超宽。盖面层的收弧可采用 3~4 次断弧、引弧收尾，以填满弧坑，使焊缝平滑为准。平板单面焊双面成型焊接工艺参数如表 1-2 所示。

表 1-2　平板单面焊双面成型焊接工艺参数

焊条型号	焊接层次		焊条直径/mm	焊接电流/A	电源极性
E4315	打底（1 道）	连弧法	3.2	80~90	直流反接
		灭弧法	3.2	95~105	
	中间层（2、3 道）		4.0	160~175	
	盖面（4 道）		4.0	150~165	
			5.0	220~230	

6. 焊后清理

焊接完成后待焊件冷却，用錾子敲去焊缝表面的熔渣及焊缝两侧的飞溅物，用钢丝刷刷干净焊件表面。

任务生产　对接焊接结构生产任务

一、任务说明

任务说明如下：
（1）考核项目：板—板对接平焊手工电弧焊（1G）。
（3）检验项目：外观检测。
（4）合格标准：60分。

二、备料清单

对接焊件结构生产任务备料清单如表1-3所示。

表1-3　对接焊件结构生产任务备料清单

序号	项目	名称	规格	数量	备注
1	场地准备	①焊接工位	—	1工位	
		②焊接操作架（固定试件）	—	1个	
2	钢材准备	Q235钢板	300 mm×100 mm×10 mm	2块	
3	焊接材料准备	E4315电焊条（J427）	$\phi 3.2$ mm	30根	焊条烘干
4	焊接设备准备	手工电弧焊焊机		1台	功能可二合一
5	加工工具准备	①操作台		1台	可根据需要选择
		②台虎钳		1台	
		③克丝钳		1把	
		④钢丝刷		1把	
		⑤锉刀		1把	
		⑥活动扳手		1把	
		⑦台式砂轮或角向磨光机		1台	
6	检验工具	焊接检验尺		各1把	
		钢直尺			
		放大镜			

续表

序号	项目	名称	规格	数量	备注
7	焊接工具准备	①焊工面罩及护目镜片	手工电弧焊机规格≥300 A	1套	可根据需要选择
		②焊接电缆及电焊钳		1套	
		③手锤		1把	
		④扁铲（扁铲、尖铲等）		1套	
8	劳保用品准备	①工作服		1套	
		②工作帽		1顶	
		③焊工手套		1副	
		④焊工防护鞋		1双	

三、任务内容

任务内容为板—板对接平焊手工电弧焊（1G）：

(1) 试件材质：Q235 钢，$\delta = 10$ mm，如图 1-13 所示。

(2) 焊接方式：平焊（单面焊双面成型）。

(3) 焊接方法：手工焊条焊。

(4) 焊条：E4315（J427），$\phi 3.2$ mm。

(5) 质量要求：

①正面焊缝余高 0~4 mm，余高差≤2 mm，背面焊缝余高 0~3 mm，焊缝宽度差≤3 mm，咬边深度≤0.5 mm，两侧咬边总长≤40 mm；

②角变形≤3°；

③试件表面应无裂纹、未熔合、夹渣、气孔和焊瘤等缺陷；

④试件焊完后，应将其表面的熔渣、飞溅等清理干净，焊缝表面应是原始状态，不允许补焊、修磨等处理；

⑤焊缝两端 20 mm 范围内缺陷不计。

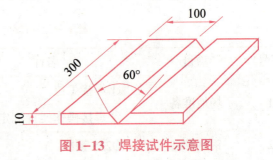

图 1-13 焊接试件示意图

四、任务须知

任务须知如下：

(1) 钝边、间隙自定，试件离地面高度自定。

(2) 打底焊接及填充层焊缝允许磨削，盖面后保持原始状态，不允许修磨。

(3) 试件位置按规定固定，整个焊接过程中（包括层间清理）不准采用其他位置。

(4) 试件焊完后，应用扁铲、钢丝刷等清理焊件表面的焊渣、飞溅，试件应保持原始状态，不允许补焊、修磨或任何形式的加工。

（5）在整个任务过程中，遵守电焊工安全操作规程，做到文明生产。

任务检测　对接焊接结构质量检测及技术要求

焊接质量的检测分为焊前检验、焊接中检验、焊后检验，这里采用焊后检验。

一、焊后检验的内容

焊后检验主要有外观检验、致密性试验、无损检测。

二、焊后检验的方法

1. 外观检验

（1）利用低倍放大镜或肉眼观察焊缝表面是否有咬边、夹渣、气孔、裂纹等表面缺陷。

（2）用焊接检验尺测量焊缝余高、焊瘤、凹陷、错口等。

（3）检验焊件是否变形。

2. 致密性试验

（1）液体盛装试漏：不承压设备，直接盛装液体，试验焊缝致密性。

（2）气密性试验：用压缩空气通入容器或管道内，焊缝外部涂发泡剂或肥皂水检查是否有鼓泡渗漏。

（3）氨气试验：焊缝一侧通入氨气，另一侧焊缝贴上浸过酚酞—酒精溶液的试纸，若有渗漏，试纸上呈红色。

（4）煤油试漏：在焊缝一侧涂刷白垩粉水，干燥后在焊缝的另一侧刷煤油。如有渗漏，煤油会在白垩上留下油渍。

（5）氦气试验：焊缝一侧通入氦气，在焊缝的另一侧通过氦气检漏仪来测定焊缝的致密性。

（6）真空箱试验：在焊缝上涂发泡剂，用真空箱抽真空，若有渗漏，会有气泡产生。该检测方法适用于焊缝另一侧被封闭的场所，如储罐罐底焊缝。

3. 强度试验

（1）液压强度试验常用水进行，试验压力为设计压力的 1.25～1.50 倍。

（2）气压强度试验用气体为介质进行，试验压力为设计压力的 1.15～1.20 倍。

4. 常用焊缝无损检测方法

（1）射线探伤方法（RT）。

（2）超声波探伤（UT）。

（3）渗透探伤（PT）。

（4）磁性探伤（MT）。

(5) 超声波衍射时差法（TOFD）。

(6) 其他检测方法：大型工件金相分析、铁素体含量检验、光谱分析、手提硬度试验、声发射试验等。

5. 评分规则及标准

(1) 采取百分制计算最终成绩。

(2) 考核项目评分标准如表1-4所示。

表1-4 考核项目评分标准

检查项目		明码号 标准、分数	评分员签名 焊缝等级				合计分 实际得分
			Ⅰ	Ⅱ	Ⅲ	Ⅳ	
正面	焊缝余高	标准/mm	0~1.5	>1.5，≤2	>2，≤3	>3，<0	
		分数	8	5	3	0	
	余高高低差	标准/mm	≤1	>1，≤1.5	>1.5，≤2	>2	
		分数	9	6	3	0	
	焊缝最大宽度	标准/mm	≤20	>20，≤21	>21，≤22	>22	
		分数	8	5	3	0	
	焊缝宽窄差	标准/mm	≤1.5	>1.5，≤2	>2，≤3	>3	
		分数	9	6	3	0	
	咬边	标准/mm	0	深度≤0.3	深度≤0.5，>0.3	深度>0.5	
		分数	8	5	3	0	
	表面气孔与夹渣	标准/mm	0	≤φ1.5 数目：1个	≤φ1.5 数目：2个	>φ1.5或数目>2个	
		分数	8	5	3	0	
	未熔合	标准	无	有	—	—	
		分数	6	0	—	—	
	错边量	标准/mm	0	≤0.5	>0.5，≤1	>1	
		分数	6	4	2	0	
	角变形	标准/mm	0~1	>1，≤2	>2，≤3	>3	
		分数	6	4	2	0	

续表

检查项目		标准、分数	焊缝等级				实际得分
			I	II	III	IV	
反面	根部凸出	标准/mm	0~3	>3 或<0	—	—	
		分数	4	0	—	—	
	咬边	标准/mm	0	深度≤0.3	深度≤0.5, >0.3	深度>0.5	
		分数	3	2	1	0	
	表面气孔与夹渣	标准	无	有	—	—	
		分数	3	0	—	—	
	凹陷	标准/mm	0	深度≤0.5 且长度≤10	深度≤0.5 长度>10，≤15	深度>0.5 或长度>15	
		分数	9	6	3	0	
电弧擦伤		标准	无	有	—	—	
		分数	5	0	—	—	
焊缝成型			优	良	一般	差	
		标准	成型美观，焊纹均匀细密，焊缝平整	成型较好，焊纹均匀，焊缝平整	成型一般，焊缝平直	焊缝弯曲，高低宽窄明显	
		分数	8	5	3	0	

注：1. 本评分表正、反两面得分累计满分为100分，评分后除以2为该试件实际得分。

2. 焊缝盖面未完成，焊缝表面及根部有条渣，焊接修补或试件有明显标记，反面有未焊透、焊穿等，该试件作0分处理。

3. 角变形在距离焊缝中心100 mm处的两边进行测量。

4. 余高高低差是指同一条焊缝沿焊缝长度方向余高的最大值与余高的最小值之间的差值。

交流学习

复习思考题

1. 焊接结构的分类有哪几种？各有何特点？
2. 对接焊接结构焊前准备有哪些？
3. 简述对接焊接结构焊接的一般步骤。

学习总结

本任务学习了对接焊接结构加工工艺的知识。请学生对所学知识进行总结，建议学习总结包含以下主要因素：

1. 你在本任务中学到了什么？
2. 你在团队共同学习的过程中，曾扮演过什么角色，对组长分配的任务你完成得怎么样？
3. 对自己的学习结果满意吗？如果不满意，那你还需要从哪几个方面努力？对接下来学习有何打算？
4. 学习过程中经验的记录与交流（组内）。
5. 你觉得这个任务哪里最有趣？哪里最无聊？

任务二　角接焊接结构的生产

学习目标

知识目标
1. 了解角接焊接结构及技术要求；
2. 掌握角接焊接结构加工工艺。

能力目标
1. 能够对角接焊接结构进行质量检测；
2. 能够对角接焊接结构进行简单生产。

素质目标
1. 通过本任务的学习，强化职业道德素养；
2. 提高分析、解决实际问题的能力，养成一丝不苟的严谨作风；
3. 激发自主学习能力和热情。

知识储备　角接焊接结构接头及焊缝

一、角接接头

角接接头是指两被焊工件端面间构成大于30°、小于135°夹角的接头。角接接头多用于箱形构件上，常见的连接形式如图1-14所示。它的承载能力随连接形式不同而不同，图1-14（a）所示是最简单的角接接头，但承载能力最差，特别是当接头处承受弯曲力矩时焊根处会产生严重的应力集中，焊缝容易自根部断裂；图1-14（b）所示采用双面角焊缝连接，其承载能力大大提高；图1-14（c）和图1-14（d）所示为开坡口焊透的角接接头，有较高的强度，而且在外观上具有良好的棱角，但厚板时可能出现层状撕裂；图1-14（e）和图1-14（f）所示结构易装配，省工时，是最经济的角接接头；图1-14（g）所示为保证接头具有准确直角的角接接头，并且刚性大，但角钢厚度应大于板厚；图1-11（h）所示为最不合理的角接接头，焊缝多且不易施焊，结构的总质量也较大，浪费大量材料。

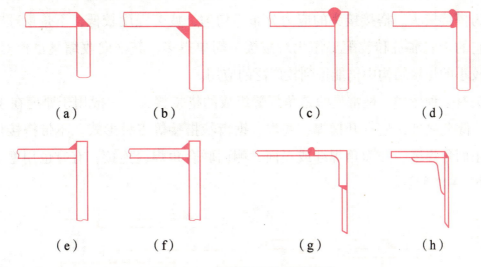

图1-14 角接接头的连接形式

二、T形（十字）接头

T形（十字）接头是把互相垂直的或成一定角度的被焊工件用角焊缝连接起来的接头，它的种类较多，如图1-15所示。这种接头是典型的电弧焊接头，能承受各种方向的力和力矩，如图1-16所示。在计算接头强度时，开坡口焊透的T形及十字接头，其接头强度可按对接接头计算，特别适用于承受动载的结构。这类接头在钢结构中应用较多，其适用范围仅次于对接接头，特别是船体结构中约70%的焊缝是T形接头。

T形接头应避免采用单面角焊缝，因其根部有很深的缺口，承载能力非常低。对较厚的板可采用K形坡口[图1-15（b）]，根据受力情况决定是否需要焊透，这样做与不开坡口[图1-15（a）]而用大尺寸角焊缝相比，不但经济划算，而且接头疲劳强度高。对要求完全焊透的T形接头，采用单边V形坡口[图1-15（c）]从一面施焊、焊后在背面清根焊满，比采用K形坡口施焊更加可靠。

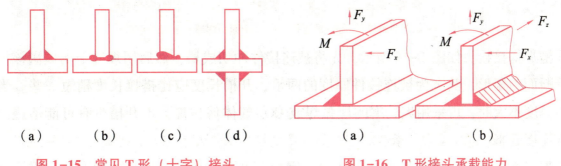

图1-15 常见T形（十字）接头　　　　图1-16 T形接头承载能力

三、搭接接头

两个被焊工件部分地重叠在一起或加上专门的搭接件用角焊缝或塞焊缝、槽焊缝连接起来的接头称为搭接接头。搭接接头的应力分布不均匀，疲劳强度较低，不是最理想的接头形式。但是，它的焊前准备和装配工作比对接接头简单得多，其横向收缩量也比对接接头小，所以在受力较小的焊接结构中仍能得到较广泛的应用。

搭接接头有多种形式，最常见的是角焊缝组成的搭接接头，一般用于厚度在 12 mm 以下的钢板焊接。除此之外，还有开槽焊、塞焊、锯齿状搭接等多种形式。不带搭接件的搭接接头一般采用正面角焊缝、侧面角焊缝或正面、侧面联合角焊缝连接，有时也用塞焊缝、槽焊缝连接，如图 1-17 所示。

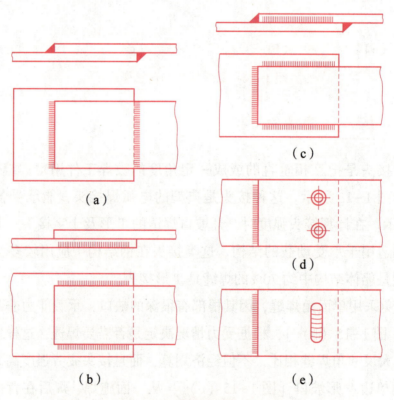

图 1-17　常见搭接接头举例

(a) 正面角焊缝连接；(b) 侧面角焊缝连接；(c) 联合角焊缝连接；
(d) 正面角焊缝+塞焊缝连接；(e) 正面角焊缝+槽焊缝连接

开槽焊搭接接头如图 1-18 所示，先将被连接件冲切成槽，然后用焊缝金属填满该槽，槽焊焊缝断面为矩形，其宽为被连接件厚度的两倍，开槽长度应比搭接长度稍短一些。当被连接件的厚度不大时，可采用大功率的埋弧焊或 CO_2 气体保护焊，不开槽也有可能熔透，使两个焊件连接起来。

塞焊（有时又称电铆焊）是在被连接的钢板上钻孔来代替开槽焊的槽形孔，用焊缝金属将孔填满使两板连接起来，如图 1-19 所示。塞焊可分为圆孔内槽焊和长孔内塞焊两种。当被连接板厚小于 5 mm 时，可以采用大功率的埋弧焊或 CO_2 气体保护焊直接将钢板熔透而不必钻孔。这种接头施焊简单，特别对于一薄一厚的两焊件连接最为方便，生产效率较高。

锯齿缝搭接接头如图1-20所示，这是单面搭接接头的一种形式。直缝单面搭接接头的强度和刚度比双面搭接接头低得多，所以只能用在受力很小的次要部位。对背面不能施焊的接头采用锯齿形焊缝搭接，有利于提高强度和刚度。在背面施焊很困难时，用这种接头形式比较合理。

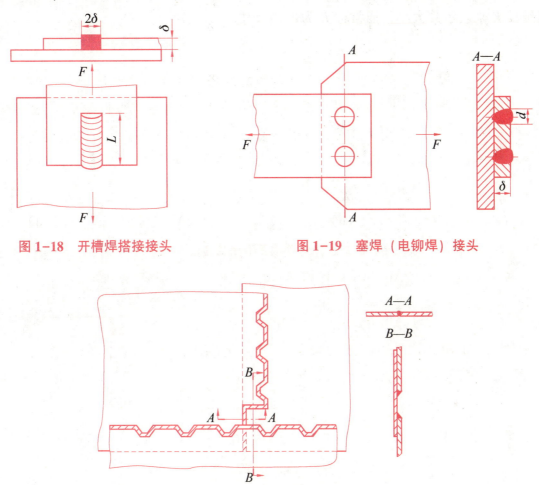

图1-18 开槽焊搭接接头　　图1-19 塞焊（电铆焊）接头

图1-20 锯齿缝搭接接头

四、角焊缝

角焊缝按其截面形状可分为平角焊缝、凹角焊缝、凸角焊缝和不等腰角焊缝四种，如图1-21所示。按其承载方向可分为与载荷相垂直的正面角焊缝、与载荷相平行的侧面角焊缝和与载荷倾斜的斜向角焊缝三种。

角焊缝是一种应用最广泛的焊缝，与对接焊缝比较，在力学性能方面具有许多特点：以角焊缝构成的各种接头其几何形状都有急剧的变化，力线的传递比对接焊缝复杂，焊缝的根部与趾部的应力集中一般比对接焊缝大。各种截面形状角焊缝的承载能力与载荷性质有关。静载时，如母材塑性良好，角焊缝的截面形状对承载能力没有显著影响；动载时，凹角焊缝比平角焊缝的承载能力高，凸角焊缝最低。不等腰角焊缝，长边平行于载荷方向时，承受动载效果较好。角焊缝的实际受力情况在具体结构上是比较复杂的，但工程上为了安全、可靠和计算简便,常假定角焊缝是在平均切应力作用下断裂的,并假定其断裂面是在角焊缝截面的最小高度 a 处,图 1-21(c)、图 1-21(d)所示两种角焊缝有时断裂在 2—2 截面处,但计算强度时仍以 a 处计算。

角焊缝的具体应用如图 1-22 所示,应用最多的角焊缝是截面为直角等腰的平角焊缝,一般可用腰长 K 来表示其大小,通常称 K 为焊脚尺寸。

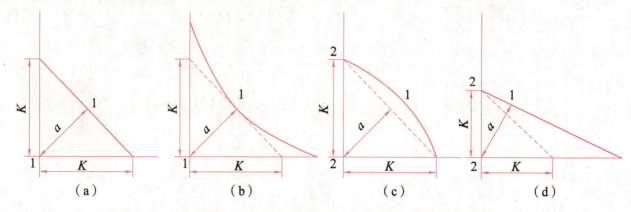

图 1-21　角焊缝截面形状及其设计断面
(a)平角焊缝；(b)凹角焊缝；(c)凸角焊缝；(d)不等腰角焊缝

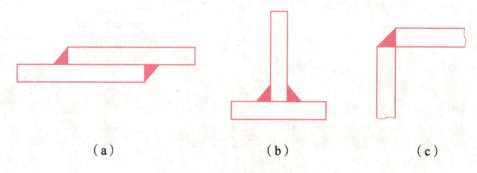

图 1-22　角焊缝的具体应用

任务分析　角接焊接结构加工工艺

以角对接焊的焊接工艺为例,角接焊接结构加工工艺包括焊前准备、操作要领。

一、焊前准备

1. 工件
Q235A 钢板(300 mm×150 mm×12 mm)、Q235A 钢板(300 mm×90 mm×12 mm),T 形接头角焊施工图如图 1-23 所示。

2. 焊丝
直径为 1.2 mm 的 H08Mn2SiA 焊丝。

3. 焊机与气瓶
额定电流大于 300 A 的 CO_2 气体保护焊焊机一台；纯度不低于 99.5% 的 CO_2 气体一瓶。

4. 辅助工具

头戴式焊帽、焊工手套、磨光机、钢丝刷、敲渣锤、錾子等。

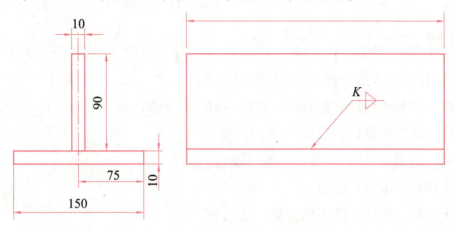

图 1-23　T 形接头角焊施工图

二、操作要领

1. 焊前清理

焊前需将接头面和靠近坡口上、下两侧 20 mm 内的钢板上的油、锈、水分及其他污物打磨干净，至露出金属光泽。

2. 工件组装定位焊

板角焊缝试件定位焊缝有三处，分别在试件两个端面和正式焊缝背面中间 50 mm 范围内，具体要求：试件两个端面的定位焊缝最长 15 mm；在正式焊缝背面中间 50 mm 范围内的定位焊缝最长 25 mm。角焊缝定位焊如图 1-24 所示。

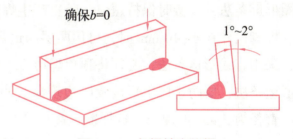

图 1-24　角焊缝定位焊

3. T 形接头平角焊

推荐 T 形接头平角焊的焊接参数如表 1-5 所示。

表 1-5　推荐 T 形接头平角焊的焊接参数

焊接方法	焊角尺寸/mm	焊层（道）	焊条直径/mm	焊接电流/A	运条方法
单层两道焊	<6	一层一道	3.2	100~120	直线形
两层两道焊	6~10	第一层	3.2	120~130	直线形
		第二层	3.2	100~120	斜圆圈形
两层三道焊	>10	第一道	3.2	100~120	直线形
		第二、三道	4	160~180	直线形

角焊缝的各部分名称如图 1-25 所示。一般焊角尺寸随焊件厚度的增大而增加，如表 1-6 所示。

表 1-6 焊角尺寸与钢板厚度的关系

钢板厚度/mm	≥2~3	>3~6	>6~9	>9~12	>12~16	>16~23
最小焊角尺寸/mm	2	3	4	5	6	8

平角焊起头时，引弧点在工件端部内 10 mm 处，稍拉长电弧，移到工件始焊最端部，这样可对起头处加以预热，然后压低电弧，开始焊接。在T形接头平角焊时，容易产生未焊透、焊偏、咬边、夹渣等缺陷，特别是立板容易咬边。

为防止上述缺陷，焊接时除正确选择焊接参数外，还必须根据两板厚度来调整焊条的角度，电弧应偏向厚板的一边，使两板受热温度均匀一致。角度太小，会造成根部熔深不足；角度太大，熔渣容易跑到熔池前面而造成夹渣。运条时，采用直线形运条法，短弧焊接；也可以采用斜圆圈形运条法，但运条必须有规律，不然容易产生咬边、夹渣、边缘熔合不良等缺陷。

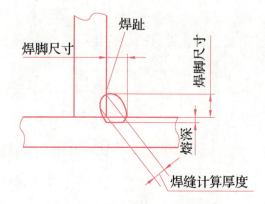

图 1-25 角焊缝的各部分名称

当焊脚尺寸小于 6 mm 时，可用单层焊，选用直径为 3.2~4 mm 的焊条，采用直线形或斜圆圈形运条法，焊接时保持短弧，防止产生焊偏及垂直板上咬边。

焊脚尺寸在 6~10 mm 时，可用两层两道焊，在焊第一层时，选用直径为 3.2~4 mm 的焊条，采用直线形运条法，必须将顶角焊透；以后各层可选用直径为 4~5 mm 的焊条，采用斜圆圈形运条法，要防止产生焊偏及咬边现象。当焊脚尺寸大于 10 mm 时，采用多层多道焊，可选用直径为 5 mm 的焊条，这样能提高生产率。在焊接第一道焊缝时，应用较大的焊接电流，以得到较大的熔深；在焊第二道焊缝时，由于焊件温度升高，可用较小的焊接电流和较快的焊接速度，以防止垂直板产生咬边现象。T形接头平角焊时的焊条角度如图 1-26 所示。在实际生产中，当焊件能翻动时，应尽可能把焊件放成船形位置进行焊接，如图 1-27 所示。船形位置焊接既能避免产生咬边等缺陷，使焊缝平整美观，又能使用大直径焊条和较大的焊接电流，且便于操作，从而提高了生产效率。

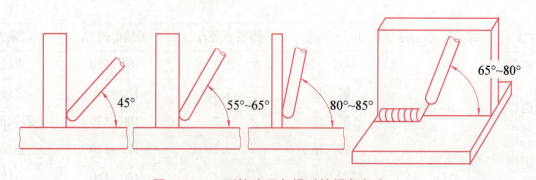

图 1-26 T形接头平角焊时的焊条角度

4. 搭接平角焊

在搭接平角焊时，主要的困难是上板边缘易受电弧高温熔化而产生咬边，同时也容易产生焊偏。因此，必须掌握好焊条角度和运条方法，焊条与下板表面的角度应随下板的厚度的增大而增大，如图1-28所示。搭接平角焊根据板厚不同也可分为单层焊、多层焊、多层多道焊。选择方法基本与T形接头相似。

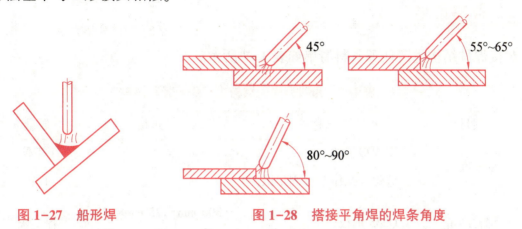

图1-27 船形焊　　　　图1-28 搭接平角焊的焊条角度

5. 焊后清理

焊接完成后待焊件冷却用錾子敲去焊缝表面的熔渣及焊缝两侧的飞溅物，用钢丝刷刷干净焊件表面。

6. 注意事项

（1）焊接过程中保持喷嘴高度，特别注意观察熔池边缘，熔池边缘必须超过坡口上表面棱边0.5~1.5 mm，并防止咬边。

（2）焊枪的横向摆动幅度比焊填充焊时稍大，尽量保持焊接速度均匀，使焊缝外形美观。

（3）收弧时要特别注意，一定要填满弧坑并使弧坑尽量短，防止产生弧坑裂纹。

（4）焊枪必须和指定的送丝机、焊接电源配套使用，焊枪必须注意不得挤压、砸碰、强力拉拽，焊接结束时应放置在安全的位置。

（5）焊接时应经常清理软管、喷嘴、气筛中的污物及飞溅物。

（6）气瓶应避免阳光的强烈照射或放置在热源旁边。焊接时要将气瓶稳固直立，不允许将其水平放置。

（7）焊接结束将气瓶阀门关闭，打开焊机气体检查开关，放出流量计中高压气体，使压力表指针回零，关闭焊机电源开关。

任务生产　角接焊接结构生产任务

一、任务说明

任务说明如下：

(1)考核项目：12 mm 低合金钢板角焊缝的立角焊（立向上焊）。

(2)考试时间：60 min。

(3)检验项目：外观+折断。

(4)合格标准：60 分。

二、备料清单

角对接焊件结构生产任务备料清单如表1-7所示。

表1-7　角对接焊件结构生产任务备料清单

序号	项目	名称	规格	数量	备注
1	场地准备	①焊接工位	—	1工位	
		②焊接操作架（固定试件）		1个	
2	钢材准备	Q235钢板	300 mm×125 mm×12 mm 300 mm×100 mm×12 mm	各1块	
3	焊接材料准备	ER50-6	ϕ1.2 mm	20 kg	
4	焊接设备准备	CO_2气体保护焊焊机		1台	
5	加工工具准备	①操作台	—	1台	可根据需要选择
		②台虎钳		1台	
		③克丝钳		1把	
		④钢丝刷		1把	
		⑤锉刀		1把	
		⑥活动扳手		1把	
		⑦台式砂轮或角向磨光机		1台	
6	检验工具	焊接检验尺	—	各1把	
		钢直尺			
		放大镜			
7	焊接工具准备	①焊工面罩及护目镜片	焊机规格填写350A	1套	可根据需要选择
		②焊接电缆及电焊钳		1套	
		③手锤		1把	
		④扁铲（扁铲、尖铲等）		1套	
8	劳保用品准备	①工作服	—	1套	
		②工作帽		1顶	
		③焊工手套		1副	
		④焊工防护鞋		1双	

三、任务内容

任务内容为 12 mm 低合金钢板角焊缝的立角焊（立向上焊）：

(1) 试件材质：Q235 钢，$\delta = 12$ mm。

(2) 焊接方式：立角焊。图 1-29 所示为立角焊示意图。

(3) 焊接方法：CO_2 气体保护焊。

(4) 焊条：ER50-6。

(5) 质量要求：

①试件表面应无裂纹、未熔合、夹渣、气孔和焊瘤等缺陷；

②试件焊完后，应将其表面的熔渣、飞溅等清理干净，焊缝表面应是原始状态，不允许补焊、修磨等处理；

③焊缝两端 20 mm 范围内缺陷不计。

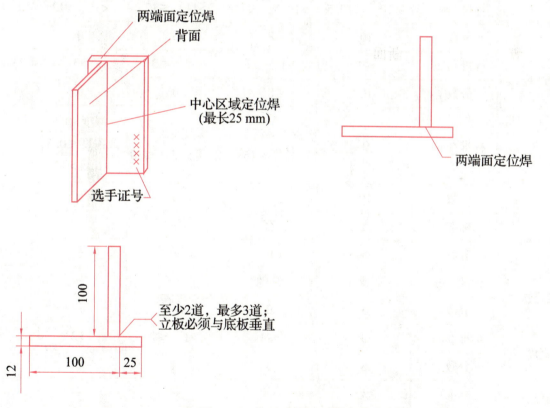

图 1-29 立角焊示意图

四、任务须知

任务须知如下：

(1) 间隙自定，试件离地面高度自定。

(2) 打底焊接及填充层焊缝允许磨削，盖面后保持原始状态，不允许修磨。

(3) 试件位置按规定固定，整个焊接过程中（包括层间清理）不准采用其他位置。

(4) 试件焊完后，应用扁铲、钢丝刷等清理焊件表面的焊渣、飞溅，试件应保持原始状态，不允许补焊、修磨或任何形式的加工。

(5) 在整个任务过程中，遵守电焊工安全操作规程，做到文明生产。

任务检测　角接焊接结构质量检测及技术要求

(1) 采取百分制计算最终成绩。

(2) 考核项目评分标准如表1-8所示。

表1-8　考核项目评分标准

检查项目	标准、分数	明码号 评分员签名 焊缝等级				合计分 实际得分
		Ⅰ	Ⅱ	Ⅲ	Ⅳ	
焊脚尺寸	标准/mm	≥10，≤10.5	>10.5，≤11	>11，≤12	<10，>12	
	分数	10	8	6	0	
焊缝凸度	标准/mm	≤1	>1，≤2	>2，≤3	>3	
	分数	10	8	6	0	
咬边	标准/mm	0	深度≤0.5，长度≤15	深度≤0.5，长度>15，≤30	深度>0.5或深度≤0.5，长度>30	
	分数	10	8	5	0	
电弧擦伤	标准	无	有	—	—	
	分数	5	0	—	—	
焊接道次	标准/mm	2或3	其他	—	—	
	分数	5	0	—	—	
垂直度	标准/mm	0	≤1	>1，≤2	>2	
	分数	5	3	1	0	
表面气孔与夹渣	标准	无	有	—	—	
	分数	5	0	—	—	

交流学习

复习思考题

1. 角焊缝有何特点？
2. 角接焊接结构焊前准备有哪些？

项目一 焊接结构的生产

3. 简述角接焊接结构焊接的一般步骤。

学习总结

本任务学习了角接焊接结构加工工艺的知识。请学生对所学知识进行总结，建议学习总结应包含以下主要因素：

1. 你在本任务中学到了什么？
2. 你在团队共同学习的过程中，曾扮演过什么角色，对组长分配的任务你完成得怎么样？
3. 对自己的学习结果满意吗？如果不满意，你还需要从哪几个方面努力？对接下来学习有何打算？
4. 学习过程中经验的记录与交流（组内）。
5. 你觉得这个任务哪里最有趣？哪里最无聊？

任务三 管对接焊接结构的生产

学习目标

知识目标
1. 了解管对接焊接结构及技术要求；
2. 掌握管对接焊接结构加工工艺。

能力目标
1. 能够对管对接焊接结构进行质量检测；
2. 能够对管对接焊接结构进行简单生产。

素质目标
1. 通过本任务的学习，强化职业道德素养；
2. 提高分析、解决实际问题的能力，养成一丝不苟的严谨作风；
3. 激发自主学习的能力和热情。

知识储备 应力和变形、焊接生产质量保证体系

就历史而论，公元前已经出现了金属焊接。但是，现代焊接技术是由19世纪末才开始发展起来的，而直至20世纪20年代，金属电弧焊接技术才首次用于金属结构（如锅炉及压力容器、桥梁、船舶等）的生产。1921年建成了第一艘全焊的远洋船，随后焊接技术稳步发展，焊接结构的应用也逐渐得到推广。20世纪30年代，由于工业技术的发展，世界各工业先进国家已经开始大规模制造焊接结构，如全焊油罐、全焊锅炉和压力容器、全焊桥梁等。第二次

世界大战促使船舶结构实现铆改焊的急骤变化，大吨位全焊船舶在短期内大量制造出来。但是，由于当时缺乏设计和制造大型焊接结构的知识和经验，对其强度和断裂性质及特征尚不十分清楚，以致相当多的焊接结构出现了各种破坏性事故，促使焊接工作人员对焊接结构相关理论进行深入调查和研究，大大促进了焊接技术的发展。20世纪60年代，各国绝大多数的锅炉及压力容器、船舶、重型机械、飞机等几乎采用各种焊接工艺进行制造。此外，在机械制造业中，以往由整铸整锻方法生产的大型毛坯改成了焊接结构，大大简化了生产工艺，降低了成本。

目前，各工业先进国家已经制定出各种焊接结构的设计及制造规范、标准和工艺。近年来又发展了许多新的焊接工艺，如摩擦焊、激光焊、等离子弧焊等。许多新型结构材料不断提出新的焊接要求，又促进了许多新焊接工艺方法的诞生。例如，航天器的制造过程中，为了解决航天器结构的高强金属及合金的焊接，加速了惰性气体保护焊和等离子弧焊等工艺的发展。反过来，新的工艺又使制造各种大型、尖端结构产品成为可能。可以说，现有的尖端设备不用焊接结构就不可能制造出来，像原子能电站的核容器、深海探测潜艇、航天器、各种化工石油合成塔、万吨级至数十万吨级的远洋油轮等都属于这一类。

一、应力和变形

随着现代化工业的发展，焊接结构的应用已经十分广泛，各种难以预见的因素使得焊接结构不时发生一些破坏性事故，甚至有些是灾难性的。

美国在1942年2月至1946年4月期间，共生产了4 694艘"自由"型货轮，其中有970艘共出现1 442条大裂纹，有127艘甲板完全断裂。

1979年12月18日，我国吉林省某煤气公司发生了一起煤气罐泄漏引起的球罐连锁性爆炸事故，6个400 m^3 球罐、4个50 m^3 卧罐和5 000多个液化石油气钢瓶被炸毁，死伤86人，损失627万元。图1-30所示为某球罐爆炸事故现场。

图1-30　某球罐爆炸事故现场

类似以上的事故，国内外还有多起。这些焊接结构的破坏事故，大多是焊接应力引起的脆性断裂、疲劳断裂、应力腐蚀断裂和失稳破坏所致。另外，焊接变形也使结构的形状和尺寸精度难以达到技术要求，影响了焊接结构的使用，甚至引起焊接结构的破坏。总之，结构在焊接后会出现焊接变形和焊接应力，而它们对结构的性能有极大影响。

1）变形概念

物体在外力或温度等因素的作用下，其形状和尺寸会发生变化，这种变化称为物体的变形。一般情况下，物体的变形可分为两种，即塑性变形和弹性变形。

物体在外力或其他因素作用下发生变形，当外力或其他因素消失后，变形仍存在，物体不恢复原状，这种变形称为塑性变形（又称永久变形）。如果物体在力的作用下发生塑性变形，且变形后物体内不存在应力，我们就说物体处于塑性状态。钢在 600~650 ℃ 以上就处于塑性状态。物体的变形还可分为自由变形与非自由变形。在非自由变形中，有外观变形和内部变形两种。

如图 1-31 所示，以一根金属杆的变形为例，当温度为 θ_0 时，其长度为 L_θ，温度上升到 θ 时，如果金属杆不受任何阻碍，杆的长度将会增加 ΔL_θ，如图 1-31（a）所示，这段增加的长度就称为自由变形。如果杆的伸长受阻，则杆不能完全自由地伸长，变形只能部分地表现出来，这部分能表现出来的伸长称为外观变形，用 ΔL_e 表示。而未表现出来的那部分伸长称为内部变形，用 ΔL 表示，如图 1-31（b）所示，在数值上，$\Delta L = \Delta L_\theta - \Delta L_e$。

2）内应力

物体受外力或其他因素作用时会发生变形，此时，物体仍有恢复原来形状的趋势，即物体内具有抵抗变形的能力。这种存在于物体内部的、对外力作用或其他因素引起物体变形所产生的抵抗力，称为内力。

由此可知，外力作用引起物体变形时，物体内部就会出现内力与之平衡。当外力除去后，物体如果恢复原状或处于另一种平衡稳定状态，则内力随之消失。

另外，在物理、化学或物理化学变化过程中，如温度、金属组织或化学成分变化等，只要引起物体内部的不均匀性变形，物体就会产生内力。这种内力是变形物体为保持其完整性，对其内部各部分不均匀的变形产生阻碍作用而引起的。

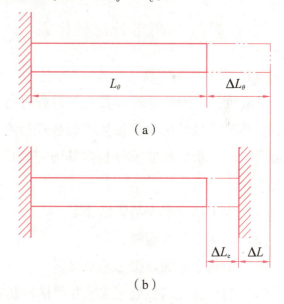

图 1-31　金属杆的变形

(a) 自由变形；(b) 非自由变形

物体单位截面积上的内力称为应力。

根据引起内力的原因不同，可将应力分为两类：一类是工作应力，它是由外力作用于物体而引起的应力；另一类是内应力，它是由物体化学成分、金相组织及温度等因素变化，造成物体内部的不均匀性变形而引起的应力。或者说,内应力是在没有外力条件下平衡于物体内部的应力。

内应力存在于许多工程结构中,如铆接结构、铸造结构、焊接结构等。焊接应力就是一种内应力。内应力的显著特点是,在物体内部,内应力是自成平衡的,形成一个平衡力系。

3）焊接管道中的残余应力分布

管道对接焊时,焊接残余应力的分布比较复杂。理论分析和试验研究表明,当管径和壁厚之比较大时,环形焊缝中的应力分布与平板对接类似（图1-32）,但焊接残余应力的最大值比平板对接小。因为管道或圆筒节对焊后,焊缝及其塑性变形区会发生周向收缩和轴向缩短,使环形焊缝的纵向收缩（周向收缩）比平板对接焊缝的纵向收缩具有更大的自由度,故环形焊缝所引起的纵向应力值较小。

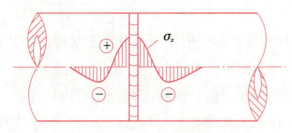

图1-32 管道对接焊的纵向残余应力

二、焊接生产质量保证体系

1. 焊接质量管理

焊接质量管理就是对焊接施工过程进行管理和控制,从而保证焊接质量的一种质量管理活动。其最终目的是对焊接生产质量进行有效的管理和控制,使焊接结构制作和安装的质量达到规定的要求,其实质就是在具备完整质量管理体系的基础上,焊接施工过程中应做好以下工作：

（1）焊工培训审查与资格评定；

（2）焊接工艺的编制；

（3）编制合理的焊接工艺流程；

（4）制订合理的热处理工艺并严格控制；

（5）保证焊接材料的验收和管理制度；

（6）保证焊件装配质量；

（7）制订合理的焊接热处理管理制度；

（8）建立科学的管理制度并严格执行；

（9）制订合理的焊接检验制度；

（10）严格控制焊缝返修管理工作。

2. 焊接生产质量保证体系的主要控制系统

焊接生产质量保证体系中的控制系统主要包括材料质量控制系统、工艺质量控制系统、焊接质量控制系统、无损检测质量控制系统和产品质量检验控制系统等。

（1）焊接材料质量控制系统：一般包括采购订货、到货、验收、材料保管、发放、材料使用等几个环节，以及表、卡、程序文件等相应的文件。

（2）焊接工艺质量控制系统：对焊接工艺的分析确定、工艺规程编制和工艺卡的编制、工艺质量评价、过程能力测评、生产定额估算等一系列工作进行控制的流程。

（3）焊接质量控制系统：一般设焊工管理、焊接设备管理、焊材管理、焊接工艺评定、焊接工艺编制、焊接施工、产品焊接试板管理、焊接返修等八个控制环节。焊接质量控制是通过焊接质量控制系统的控制环节、控制点的控制来实现的。

（4）无损检测质量控制系统：无损检测人员在检测前与质检员、施工单位联络员现场核对，并按指定部位进行检测。无损检测任务不同，控制程序繁简不同，使得无损检测的要求也不同。

3. 焊接生产质量保证体系正常运转的标志

焊接生产质量体系运转是否正常，可通过以下几个标志反映出来：

（1）焊接生产质量保证体系各级人员正常上岗工作，并有连续的工作记录；

（2）产品制造过程中各项技术质量控制原始记录完整，签字手续齐全，内容真实可靠；

（3）焊接质量信息流通渠道通畅，客户意见和制造质量问题的处理及时，处理方式和程序符合要求；

（4）能定期召开质量分析会，以使产品质量不断提高；

（5）产品的质量符合图纸、技术要求和有关标准。

焊接生产质量保证体系一方面应具有完整的质量保证机构和从事质量控制的各级质控人员；另一方面，要有一个完整的法规系统，有明确的企业宗旨、企业管理目标和质量方针。

4. 焊接材料的管理

焊接材料包括焊条、焊丝、焊剂、保护气体等。焊接材料的选用应根据焊接的母材、焊接方法、焊接工艺等因素决定；焊接材料在使用时，如果出现混淆用错、受潮、氧化将直接影响焊接质量，同时还应防止焊接材料变形、泄漏、爆炸等问题。所以，焊接材料从采购、验收入库、保管到发放都必须加强管理，以确保保存安全和焊接产品质量。

任务分析　管对接焊接结构加工工艺

建筑钢结构中钢管使用较多，实际制作过程中会经常涉及钢管对接，现结合加工情况对采用管对接的工艺要求进行了整理。

一、焊前准备

1. 工件
Q235 钢，$\phi 89$ mm×8 mm×150 mm，两件。

2. 焊丝
J507，$\phi 3.2$ mm。

3. 焊机与气瓶
额定电流大于 300 A 的手工焊焊机一台。

4. 辅助工具
头戴式焊帽、焊工手套、磨光机、钢丝刷、敲渣锤、錾子等。

二、操作要领

1. 焊前清理
焊前需将接头面和靠近坡口上、下两侧 20 mm 内的钢板上的油、锈、水分及其他污物打磨干净，至露出金属光泽。

2. 装配点固
采用与正式焊缝相同的焊条，在角钢制作的装配胎具上进行装配，保证同轴度。装配间隙 1.5~2 mm，定位焊缝长 10 mm 左右，采用两点定位或三点定位，如图 1-33~图 1-35 所示。

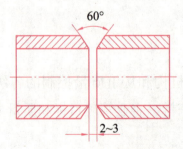

图 1-33 装配示意图

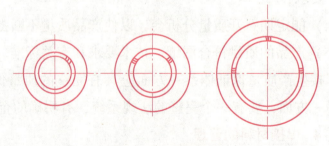

图 1-34 点固位置示意图

图 1-35 装配现场图

3. 打底焊

施焊方式为沿垂直中心线将管子分成左右两半周焊接，先沿逆时针方向焊右半周，后沿顺时针方向焊左半周；引弧和收弧部位要超过管子中心线 5~10 mm。

焊管轴线与水平面平行并固定在离地面一定距离（600 mm 左右）的工具上，间隙小的一端在下，从该端开始向上焊接，焊接角度如图 1-36 所示；采用灭弧法打底（断弧焊一点击穿法向上施焊。当熔池形成后，焊条向焊接方向作划挑动作，迅速灭弧；待熔池变暗，在未凝固的熔池边缘重新引弧，在坡口间隙处稍作停顿，电弧的 1/3 击穿根部，新熔孔形成后，再熄弧；焊接过程中，每次引弧的位置要准确，给送熔滴要均匀，断弧要果断，控制好熄弧和再引弧的时间）。焊道接头采用热接法或冷接法接头。管对接焊条角度变化及引弧处如图 1-37 所示。

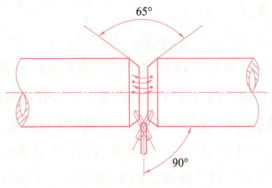

图 1-36 焊接角度示意图

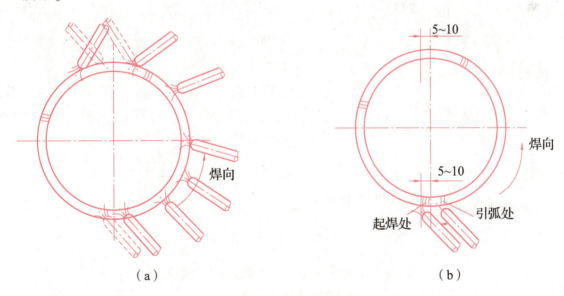

图 1-37 管对接焊条角度变化及引弧处
(a) 焊条角度变化；(b) 引弧处

仰焊位置焊接时，焊条向上顶送深些，尽量压低电弧；焊接立焊和平焊位置时，焊条向坡口根部压送深度比仰焊浅些。立焊和平焊部位速度要稍快一些，避免焊瘤和内凹等缺陷。

左半周焊接，先将右半周仰焊位置焊道的引弧处打磨成缓坡，距缓坡底部 5~10 mm 处引弧，按冷接法焊妥仰焊位置焊道接头。之后，再按右半周方法施焊。注意：最后平焊位置封闭点焊道接头的操作，要保证焊透。

采用热接法或冷接法接头。更换焊条收弧时，将焊条断续地向熔池后方点 2~3 下，缓降熔池温度，消除收弧的缩孔。焊接时距熔池前 5~10 mm 处引燃电弧，焊至弧坑处，向破口根部压送电弧，稍停顿，听见电弧击穿声，形成熔孔后，熄弧，再采用一点击穿法继续焊接。

采用冷接法施焊前，先将收弧处打磨成缓坡状。封闭接头施焊前，焊缝端部的焊道应先打磨成缓坡形状，再施焊，焊到缓坡底部，向坡口根部压送电弧，稍停顿，根部熔透后，焊过缓坡并超过前焊缝 10 mm，填满弧坑后熄弧。

4. 盖面焊

盖面焊前，先将前面焊缝的熔渣、飞溅物清理干净。焊接过程中采用连弧法，之字形或月牙形运条并严格采用短弧，运条速度要均匀，摆动幅度要小，在坡口两侧稍稍停顿稳弧，使坡口边缘熔合良好，防止咬边、未熔合和焊瘤等缺陷。盖面焊焊上、下两道。先焊下焊道，再焊上焊道。焊下焊道时，电弧对准打底焊道下沿，稍摆动，熔化金属覆盖打底焊道的 1/2～2/3；焊上焊道时，适当加快焊接速度或减小焊接电流，调整焊条角度，防止出现咬边和液态金属下淌。接头操作如图 1-38 所示，焊接工艺参数如表 1-9 所示。

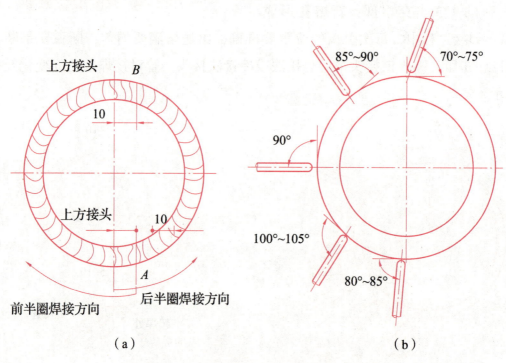

图 1-38　盖面焊焊另半周接头操作示意图

A—盖面焊接方向；B—焊接角度

表 1-9　焊接工艺参数

焊条型号	焊缝层次	焊条直径/mm	焊接电流/A	电源极性	焊接次序
E5015 (J507)	打底（1 道）	3.2	100～120	直流正接	1
	盖面（2、3 道）	3.2	80～110	直流反接	2
					3

5. 焊后清理

焊接完成后待焊件冷却用錾子敲去焊缝表面的熔渣及焊缝两侧的飞溅物，用钢丝刷刷干净焊件表面。

任务生产 管对接焊接结构生产任务

一、任务说明

任务说明如下：

（1）考核项目：不锈钢管对接水平固定焊缝。

（2）考试时间：60 min。

（3）检验项目：外观+射线。

（4）合格标准：60分。

二、备料清单

管对接焊接结构生产任务备料清单如表1-10所示。

表1-10 管对接焊接结构生产任务备料清单

序号	项目	名称	规格	数量	备注
1	场地准备	①焊接工位	—	1工位	
		②焊接操作架（固定试件）		1个	
2	钢材准备	Q235	ϕ89 mm×8 mm×150 mm	2件	
3	焊接材料准备	ER308	ϕ2.5 mm	1台	
4	焊接设备准备	氩弧焊焊机	纯度99.99%	1台	
		Ar气体		1瓶	
5	加工工具准备	①操作台	—	1台	可根据需要选择
		②台虎钳		1台	
		③克丝钳		1把	
		④钢丝刷		1把	
		⑤锉刀		1把	
		⑥活动扳手		1把	
		⑦台式砂轮或角向磨光机		1台	
6	检验工具	焊接检验尺	—	各1把	
		钢直尺			
		放大镜			

续表

序号	项目	名称	规格	数量	备注
7	焊接工具准备	①焊工面罩及护目镜片	—	1套	可根据需要选择
		②焊接电缆及电焊钳		1套	
		③手锤		1把	
		④扁铲（扁铲、尖铲等）		1套	
8	劳保用品准备	①工作服	—	1套	
		②工作帽		1顶	
		③焊工手套		1副	
		④焊工防护鞋		1双	

三、任务内容

任务内容为不锈钢管对接水平固定焊缝：

（1）试件材质：Q235 钢，$\phi 89$ mm×8 mm×150 mm，两件。

（2）焊接方式：水平固定。

（3）焊接方法：GTAW141 打底填充盖面。

（4）焊条：ER308。

（5）质量要求：

①试件表面应无裂纹、未熔合、夹渣、气孔和焊瘤等缺陷；

②试件焊完后，应将其表面的熔渣、飞溅等清理干净，焊缝表面应是原始状态，不允许补焊、修磨等处理。

四、任务须知

任务须知如下：

（1）间隙自定，试件离地面高度自定。

（2）打底焊接及填充层焊缝允许磨削，盖面后保持原始状态，不允许修磨。

（3）试件位置按规定固定，整个焊接过程中（包括层间清理）不准采用其他位置。

（4）试件焊完后，应用扁铲、钢丝刷等清理焊件表面的焊渣、飞溅，试件应保持原始状态，不允许补焊、修磨或任何形式的加工。

（5）在整个任务过程中，遵守电焊工安全操作规程，做到文明生产。

任务检测　管对接焊接结构质量检测

（1）采取百分制计算最终成绩。

（2）考核项目评分标准如表 1-11 所示。

表 1-11　考核项目评分标准

明码号			裁判员			合计分	
检查项目		评判标准	焊缝等级				实际得分
			Ⅰ	Ⅱ	Ⅲ	Ⅳ	
正面	焊缝余高	标准/mm	0~1	>1, ≤2	>2, ≤3	>3, <0	
		分数	4	2	1	0	
	高低差	标准/mm	≤1	>1, ≤1.5	>1.5, ≤2	>2	
		分数	4	2	1	0	
	焊缝宽度	标准/mm	9~11	≥8, ≤12	≥7, ≤13	<7, >13	
		分数	4	2	1	0	
	宽窄差	标准/mm	≤1	>1, ≤1.5	>1.5, ≤2	>2	
		分数	4	2	1	0	
	咬边	标准/mm	无	深度≤0.5	深度>0.5	—	
		分数	3	2	0		
	未焊满	标准/mm	无	深度≤0.5，长度≤15	深度≤0.5，长度>15，≤25	深度>0.5 或长度>25	
		分数	3	2	1	0	
	表面成型		优	良	一般	差	
		标准	成型美观，焊纹均匀细密、高低宽窄一致	成型较好，焊纹均匀，焊缝平整	成型尚可，焊缝平直	焊缝弯曲，高低宽窄明显，有表面焊接缺陷	
		分数	3	2	1	0	
	颜色	标准	银色	金黄色	蓝色	灰褐色	
		分数	6	4	2	0	
反面	根部凸度	标准/mm	≥0, <2	>2, <0	—	—	
		分数	5	0			
	咬边	标准	无	有			
		分数	2	0			
	内凹	标准	无	有			
		分数	4	0			
	电弧擦伤	标准	无	有			
		分数	2	0			

续表

检查项目	评判标准	焊缝等级				实际得分
		Ⅰ	Ⅱ	Ⅲ	Ⅳ	
焊缝周围95%范围内的熔渣、飞溅等是否清除，但不得破坏焊缝的原始成型	标准	是	否	—	—	
	分数	2	0	—	—	
通球检验	标准	通过	不通过	—	—	
	分数	4	0	—	—	

交流学习

复习思考题

1. 管对接焊缝有何特点？
2. 管对接焊接结构焊前准备有哪些？
3. 简述管对接焊接结构焊接的一般步骤。

学习总结

本任务学习了管对接焊接结构加工工艺的知识。请学生总结所学的知识，建议学习总结包含以下主要因素：

1. 你在本任务中学到了什么？
2. 你在团队共同学习的过程中，曾扮演过什么角色，对组长分配的任务你完成得怎么样？
3. 对自己的学习结果满意吗？如果不满意，那你还需要从哪几个方面努力？对接下来学习有何打算？
4. 学习过程中经验的记录与交流（组内）。
5. 你觉得这个任务哪里最有趣？哪里最无聊？

项目二

焊接结构的加工工艺

项目导入

焊接生产过程可以归结为制造焊接结构的材料（包括基本金属材料和各种辅助、填充材料，外购毛坯和零件等）经设备（材料准备设备、装配焊接设备等）加工制成产品的过程。这个过程的主体是参加生产的工作人员，包括直接（基本生产工人、辅助工人、工程技术人员）和非直接（管理人员、服务人员）生产人员、检验人员。当然，还需要开动机器的能源（即动力）和一定的生产空间（即生产的车间场地）才能进行这个生产过程。所以，焊接生产是由材料、设备、场地、动力和工作人员所组成的。

材料加工工艺包括钢材预处理在内的焊接生产的材料加工，指对绝大多数焊接结构的基本材料的一系列加工，如矫正（校直）、清理、表面防护处理、预落料等的钢材预处理；划线（号料）、切割（下料）、边缘加工、成型（包括弯曲）及焊前的坡口整理等。它占全部加工工作量的25%~60%。如果材料的加工工艺不良，即毛坯质量差，或是尺寸误差大，缺乏互换性，或是坡口加工不合适，或是零件不规矩、有变形等，都会使装配困难，焊接质量下降，有时根本不能装配，需要修整，从而大大降低生产效率。采用机械化和自动化装配焊接技术，则要求更加严格，否则将产生焊接缺陷，故为获得稳定的焊接生产过程，保证优良的产品质量，制订合理的材料加工工艺是很重要的。

任务一　钢材的预处理生产

学习目标

知识目标

1. 了解焊接结构预处理加工工艺的基本程序；
2. 熟悉焊接结构预处理加工常用的工艺及设备。

能力目标

1. 能够正确地对给定的典型结构进行预处理；
2. 能够正确地进行给定结构预处理加工工艺的制订及设备选择与使用。

素质目标

1. 通过本任务的学习，强化职业道德素养；
2. 提高分析、解决实际问题的能力，养成一丝不苟的严谨作风；
3. 激发学生自主学习能力和热情。

知识储备　焊接结构钢材的预处理

一、钢材变形的矫正

受外力、加热等因素的影响，钢材表面会产生不平、弯曲、扭曲、波浪等变形缺陷；另外，存放不妥和其他因素的影响，也会使钢材表面产生铁锈、氧化皮等。这些都将影响零件和产品的质量，因此必须对变形钢材进行矫正及预处理。

1. 钢材变形的矫正方法

钢材变形的矫正方法可以分为手工矫正、机械矫正、火焰矫正与高频热点矫正等。一般情况下，矫正工作在常温下进行，或在常温状态下对钢材进行局部加热矫正。如果把钢板整体加热至 700~1 000 ℃后再矫正称为热矫正。因此也把常温下的矫正工作称为冷矫正。

1) 手工矫正

钢材的手工矫正是采用锤击工件或锤击平锤，平锤再压平钢板的办法来矫正。手工矫正的劳动强度大，生产效率低，矫正能力有限。因此，应尽量采用机械矫正方法。

2) 机械矫正

机械矫正使用的设备有专用设备和通用设备。专用设备有钢板矫正机、圆钢与钢管矫正机、型钢矫正机、型钢撑直机等；通用设备指一般的压力机和卷板机。

3) 火焰矫正

断面尺寸较大的角钢、槽钢、工字钢、钢管等，往往由于设备的矫正能力所限而采用火焰矫正方法，既简便易行又可以免除压力矫正时可能产生的压痕。因此，常采用火焰矫正方法矫正大断面型钢，如图 2-1 所示。

4) 高频热点矫正

高频热点矫正是在火焰矫正的基础上发展起来的一种新工艺。用它可以矫正任何钢材的变形，尤其对尺寸

图 2-1　钢梁的火焰矫正

较大、形状复杂的工件，效果显著。其原理是，通有高频交流电的感应线圈会产生交变磁场，当感应线圈靠近钢材时，钢材内部产生感应电流（即涡流），使钢材局部的温度立即升高，从而进行加热矫正。加热的位置与火焰矫正时相同，加热区域的大小取决于感应线圈的形状和尺寸。感应线圈一般不宜过大，否则加热慢、加热区域大，影响加热矫正的效果。一般加热时间为 4~5 s，温度在 800 ℃ 左右。

2. 钢板变形的矫正

钢板变形的矫正主要是在钢板矫正机上进行的。当钢板通过多对呈交错布置的轴辊时，钢板发生多次反复弯曲，使各层纤维长度趋于一致，从而达到矫正的目的。当钢板中间平、两边纵向呈波浪形时，应在中间加铁皮或橡胶以碾压中间。当钢板中间呈波浪形时，应在两边加垫板后碾压两边以提高矫平的效果。

矫平薄板时，一般可加一块较厚的平钢板作衬垫一起矫正，也可将数块薄板叠在一起进行矫正。

矫平扁钢或小块板材时，应将相同厚度的扁钢或小块板材放在一个用作衬垫的钢板上，通过矫正机后，将原来朝上的面翻动朝下，再通过矫正机便可矫平。

3. 型钢变形的矫正

型钢变形的矫正一般在多辊型钢矫正机、型钢撑直机和压力机上进行。

1）多辊型钢矫正机矫正

多辊型钢矫正机与钢板矫正机的工作原理相同，通过上下两列辊轮之间反复的弯曲，使型钢中原来各层纤维不相等的变为相等，以达到矫正的目的。

2）型钢撑直机矫正

型钢撑直机是利用反变形的原理来矫正型钢的。图 2-2 所示为单头型钢撑直机的工作原理，两个支撑之间的距离可调整，间距的大小随型钢弯曲程度而定。推撑由电动机的变速机构和偏心轮带动，做周期性的往复运动，推撑力的大小可通过调节推撑与支撑间的距离来改变。

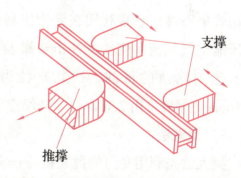

图 2-2　单头型钢撑直机的工作原理

型钢撑直机主要用于矫正角钢、槽钢、工字钢等，也可以用来进行弯曲成型。

钢板和型钢变形后，可以通过油压机、水压机、摩擦压力机等进行矫正。矫正钢板的尺寸大小，主要由压力机的工作台尺寸决定。型材在矫正时会产生一定的回弹，因此，矫正时应使型材产生适量的反变形。

4. 钢材矫正方法的选择

选择钢材的矫正方法时，除需考虑与工件的形状、材料的性能和工件的变形程度有关的因素外，还需要考虑与生产设备有关的因素。选择钢材矫正方法时应注意以下问题：

（1）对刚性较大的钢结构产生的弯曲变形不宜采用冷矫正，应在与焊接部位对称的位置，采用火焰矫正法矫正。

（2）火焰矫正时，要严格控制加热温度，避免因钢材组织变化而产生较大的热应力。

（3）尽量避免在结构危险截面的受拉区进行火焰矫正。

二、钢材的预处理

采用机械方法或化学方法对钢材的表面进行清理的过程称为预处理。预处理的目的是把钢材表面的铁锈、油污和氧化皮等清理干净，为后续加工做准备。为防止零件在加工过程中再一次被污染，一些预处理工艺还要在表面清理后喷涂保护底漆。

1. 机械除锈法

1）喷砂法

喷砂法是目前广泛用于钢板、钢管、型钢及各种钢制件的预处理方法，它不但可以清除工件表面的铁锈、氧化皮等各种污物，而且能使钢材表面产生一层均匀的粗糙表面。

在喷砂系统中，压缩空气将砂粒以很高的速度从喷嘴喷出，冲刷到工件的表面，将铁锈和氧化皮剥离，从而达到除锈的目的。图 2-3 所示为喷砂除锈现场。

图 2-3　喷砂除锈现场

2）弹丸法

弹丸法多用于零件或部件的整体除锈，除锈效率不高。它是利用在导管中高速流动的压缩空气气流，使铁丸冲击金属表面的锈层，达到除锈的目的。铁丸直径为 0.8～1.5 mm（厚板可用 2.0 mm），压缩空气压力为 0.4～0.5 MPa。

3）抛丸法

抛丸法是利用专门的抛丸机将铁丸或其他磨料高速地抛射到钢材的表面上，以消除钢材表面的氧化皮、铁锈和污垢。

钢材经喷砂或抛丸除锈后，随即进行防护处理，其步骤如下：

（1）用经过净化的压缩空气将原材料表面吹净。

（2）涂刷防护底漆或浸入钝化处理槽中，做钝化处理，用 10% 磷酸锰铁水溶液处理 10 min，2% 亚硝酸溶液处理 1 min。

（3）将涂刷防护底漆后的钢材送入烘干炉中，用 70 ℃ 的热空气进行干燥处理。

2. 化学除锈法

化学除锈法就是用腐蚀性的化学溶液对钢材表面进行清理。此方法效率高，质量均匀而稳定，但成本高，并会对环境造成一定的污染。图2-4所示为钢筋快速化学除锈现场。

化学除锈法一般分为酸洗法和碱洗法。酸洗法可除去金属表面的氧化皮、锈蚀物等污物；碱洗法主要用于去除金属表面的油污。该工艺过程一般是将配制好的酸、碱溶液装入槽内，将工件放入浸泡一定时间，然后取出用水冲洗干净，以防止余酸的腐蚀。

图2-4 钢筋快速化学除锈现场

3. 钢材抛丸预处理装置

钢材抛丸预处理装置也称为钢材预处理流水线，它是实现钢材一次表面处理（或称抛丸除锈）和车间底漆自动涂装最主要的装备。

钢材预处理流水线有两种类型：一是钢板预处理流水线，二是型钢预处理流水线。随着技术的进步，现今设计的钢材预处理流水线可以通过PLC控制系统自动调整抛丸器的数量、抛射角度和喷漆宽度，从而达到在一条流水线上既可处理钢板，也可处理型钢的目的。

任务分析 焊接结构钢材预处理喷砂加工工艺

一、处理原料

喷砂处理是一种工件表面处理的工艺。采用压缩空气为动力，以形成高速喷射束将喷料（铜矿砂、石英砂、金刚砂、铁砂、海砂）高速喷射到需处理工件表面，使工件表面的外表或形状发生变化。磨料对工件表面的冲击和切削作用，使工件表面获得一定的清洁度和不同的表面粗糙度，使工件表面的机械性能得到改善，提高了工件的抗疲劳性，增加了它和涂层之间的附着力，延长了涂膜的耐久性，也有利于涂料的流平和装饰。

二、工艺特点

工艺特点如下：

（1）喷砂处理是最彻底、最通用、最迅速的清理方法。

（2）喷砂处理可以在不同粗糙度之间任意选择，而其他工艺是没办法实现这一点的。手工打磨可以打出毛面但速度太慢，化学溶剂清理的表面则过于光滑不利于涂层粘接。

三、工艺应用

工艺应用如下：

（1）工件涂镀、工件粘接前处理。喷砂能把工件表面的锈皮等一切污物清除，并在工件表面建立起十分重要的基础图式（即通常所谓的毛面），而且可以通过调换不同粒度的磨料，达到不同程度的表面粗糙度，大大提高工件与涂料、镀料的结合力。或使粘接件粘接更牢固，质量更好。

（2）铸锻件毛面、热处理后工件的清理与抛光。喷砂能清理铸锻件、热处理后工件表面的一切污物（如氧化皮、油污等残留物），并将工件表面抛光，提高工件的光洁度，能使工件露出均匀一致的金属本色，使工件外表更美观，达到美化装饰的作用。

（3）机加工件毛刺清理与表面美化。喷砂能清理工件表面的微小毛刺，并使工件表面更加平整，消除了毛刺的危害，提高了工件的档次。并且喷砂能在工件表面交界处打出很小的圆角，使工件显得更加美观、更加精密。

（4）改善零件的机械性能。机械零件经喷砂后，能在零件表面产生均匀细微的凹凸面（基础图式），使润滑油得到储存，从而使润滑条件改善，并减少噪声提高机械使用寿命。

（5）光饰作用。对于某些特殊用途工件，喷砂可随意实现不同的反光或亚光。例如，不锈钢工件、木制家具表面亚光化，磨砂玻璃表面的花纹图案，以及布料表面的毛化加工等。

四、喷砂工艺步骤

预处理阶段：

喷砂工艺预处理阶段是指对于工件在被喷涂、喷镀保护层之前，工件表面均应进行的处理。喷砂工艺预处理质量好坏，影响涂层的附着力、外观、涂层的耐潮湿及耐腐蚀等方面。预处理工作做得不好，锈蚀仍会在涂层下继续蔓延，使涂层成片脱落。经过认真清理的表面和一般简单清理的工件，用暴晒法进行涂层比较，寿命可相差4~5倍。表面清理的方法很多，但被接受最普遍的方法是溶剂清理、酸洗、手动工具清理、动力工具清理。

具体喷砂步骤如下：

（1）检查设备运转是否正常。例如，喷嘴是否损坏，照明、抽风、压缩空气等是否正常，设备是否漏砂，若有上述情况，需及时修理好后才能进行工作。

（2）核查路线单与零件是否相符，避免将零件做错。清点零件数目，如有缺少及时向上反映便于及时查找。

（3）对零件进行仔细检查，若有碰毛、撞伤、开裂等缺陷应及时反应，经有关人员同意后，方可进行喷砂。

(4) 检查零件是否有要求喷砂时保护的部位，若有应预先做好保护措施。

(5) 穿戴好防护用品，如口罩、橡胶手套、工作服、工作帽等。

(6) 喷砂前还应与空压站联系，供应压缩空气 0.3~0.5 MPa 大气压。

(7) 先开照明灯，后开压缩空气阀门，将喷嘴空喷 2~5 min，使管道中的水分被喷掉，以免使砂子潮湿，然后关严压缩空气阀门将输砂管插入砂中。

(8) 再将零件送入工作箱内（小件可以用箩装），关上箱门。

(9) 接着启动抽风设备，打开压缩空气阀门，进行喷砂。喷砂时，应倾斜喷头 30°~40°；均匀地旋转或翻转零件并缓慢地来回移动零件或喷嘴，使零件表面受到均匀喷射，直到零件表面全呈银灰色为止。对于箩装小零件，抖动翻转零件至达到喷砂要求。

(10) 凡零件有精度或表面粗糙度要求的，不允许喷砂。若在同一零件上有局部要求不得喷砂的部位，予以保护后方能进行喷砂。

(11) 每批零件喷完后，立即关严压缩空气阀门，再开箱取出零件。

(12) 一般零件喷砂后，转交下道工序，进行防锈处理。但无光镀铬件，喷砂合格后立即进行电镀处理。

(13) 只要求喷砂喷毛的铸铁件，喷砂合格后不进行防锈处理立即交加工车间。

(14) 喷砂在专用喷砂机中进行。喷砂机用的新砂应晒干过目，清除掉砂中杂质，方可使用。

(15) 喷砂用的硅砂粒度为 0.5~1 mm（20~40 号），压缩空气压力为 0.3~0.66 MPa。

(16) 精密零件、量具、刃具或硬度低的零件采用低气压，并适当增加喷头与零件之间的距离以保证质量；一般零件或硬度高的零件采用相对较高的气压和适当的距离。

(17) 喷头应倾斜 30°~40°喷射零件，不应垂直喷射。

(18) 喷嘴或零件要移动或转动，使零件表面能均匀地喷成银灰色，但应避免喷的时间过长、压力过大而损伤零件。

(19) 零件上规定要求不喷砂的部位，应预先做好保护措施。

(20) 弹簧夹头喷砂时，应注意检查砂子是否将孔堵住。小于 1 mm 孔的夹头一律不做喷砂工序。

(21) 喷砂过程中，发现有裂纹、碰伤等质量问题要及时挑出，并上报以便及时处理。

(22) 为了避免受伤，操作者操作时必须要穿戴好防护用品。

五、注意事项

注意事项如下：

(1) 工作前必须穿戴好防护用品，不准赤裸膀臂工作。工作时不得少于两人。

(2) 储气罐、压力表、安全阀要定期校验。储气罐两周排放一次灰尘，砂罐里的过滤器每月检查一次。

(3) 检查通风管及喷砂机门是否密封。工作前 5 min，须开动通风除尘设备，通风除尘设备失效时，禁止喷砂机工作。

(4) 压缩空气阀要缓慢打开，气压不准超过 0.8 MPa。

(5) 喷砂粒度应与工作要求相适应，一般在 10~20 号适用，砂子应保持干燥。

(6) 喷砂机工作时，禁止无关人员接近。清扫和调整运转部位时，应停机进行。

(7) 不准用压缩空气吹身上灰尘或开玩笑。

(8) 工作完后，通风除尘设备应继续运转 5 min 再关闭，以排出室内灰尘，保持场地清洁。

(9) 发生人身、设备事故，应保持现场，并报告有关部门。

六、喷砂效果

零件喷砂处理效果如图 2-5 所示。

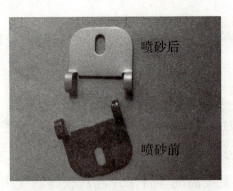

图 2-5　零件喷砂处理效果

任务生产　钢材预处理喷砂生产任务

一、任务说明

任务说明如下：

(1) 考核项目：钢材预处理喷砂。

(2) 考试时间：60 min。

(3) 检验项目：外观检查。

(4) 合格标准：60 分。

二、备料清单

备料清单如表2-1所示。

表2-1 备料清单

序号	项目	名称	规格	数量	备注
1	场地准备	喷砂工位	—	1工位	
2	钢材准备	Q235钢板	300 mm×150 mm×10 mm	两件	
3	加工工具准备	棉花、三氯乙烷、刻板、美工刀、镊子、直尺、涂胶、胶纸、油石、封箱胶布、台灯	—	一套	可根据需要选择

三、任务内容

任务内容为钢材预处理喷砂：

（1）试件材质：Q235钢板，300 mm×150 mm×10 mm，两块。

（2）质量要求：

①表面净化和活化程度：喷砂后的表面应无油、无脂、无污物、无轧制铁鳞、无锈斑、无腐蚀物、无氧化物、无油漆及其他外来物。对于金属基材，应露出均质的金属本色。这种表面被称为"活化"的表面。

②表面粗糙度：30~80 μm。

③喷砂表面的均匀性：基材被喷砂粗化的状况应该在整个表面上是均匀的，不应出现所谓的"花斑"现象。

④表面处理完毕后，经验收合格，才能进行下道工序。

四、任务须知

任务须知同"注意事项"的内容，这里不再赘述。

任务检测 喷砂任务检测

根据喷砂质量确定喷砂任务级别，确定相应成绩。

一、Sa1级 轻度喷砂除锈（及格）

表面应无可见的油脂、污物、附着不牢的氧化皮、铁锈、油漆涂层和杂质。

二、Sa2级　彻底的喷砂除锈（中）

表面应无可见的油脂、污物、氧化皮、铁锈、油漆涂层和杂质基本清除，残留物应附着牢固。

三、Sa2.5级　非常彻底的喷砂除锈（良）

表面应无可见的油脂、污物、氧化皮、铁锈、油漆涂层和杂质，残留物痕迹仅显示点状或条纹状的轻微色斑。

四、Sa3级　喷砂除锈至钢材表面洁净（优）

表面应无可见的油脂、污物、氧化皮、铁锈、油漆涂层和杂质，表面具有均匀的金属色泽。

交流学习

复习思考题

1. 钢材矫正分为哪几种？各有何特点？
2. 钢材预处理方案有哪些？
3. 简述喷砂工艺的一般步骤。

学习总结

本任务学习了钢材预处理的知识。请学生总结本任务所学的知识。建议学习总结包含以下主要因素：

1. 你在本任务中学到了什么？
2. 你在团队共同学习的过程中，曾扮演过什么角色，对组长分配的任务你完成得怎么样？
3. 对自己的学习结果满意吗？如果不满意，那你还需要从哪几个方面努力？对接下来学习有何打算？
4. 学习过程中经验的记录与交流（组内）。
5. 你觉得这个任务哪里最有趣？哪里最无聊？

任务二　焊接结构的加工方案

学习目标

知识目标
1. 了解焊接结构加工工艺的基本程序；
2. 熟悉焊接结构加工常用的工艺及设备。

能力目标
1. 能够正确地对给定的典型结构进行备料与加工；
2. 能够正确地进行给定加工工艺制订，以及设备的选择与使用。

素质目标
1. 通过本任务的学习，强化职业道德素养；
2. 提高分析、解决实际问题的能力，养成一丝不苟的严谨作风；
3. 激发自主学习能力和热情。

知识储备　焊接结构的加工方案

一、划线与放样

1. 工艺方法

划线与放样是原材料切割下料前的准备工序。划线是指直接在原材料上或在经初加工的坯料上，按设计（施工）图样以1∶1的比例绘制下料线、加工线、中心线、各种基准线和检验线等。对于成批生产的部件和标准件，可采用样板进行划线，又称号料，如图2-6和图2-7所示。

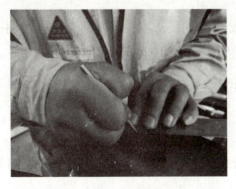

图2-6　钢板尺划线

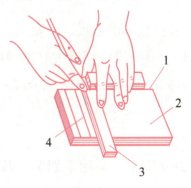

图2-7　划线

1—基准边；2—工件；3—直角尺；4—划的线

对于结构复杂的部件应先进行放样,即按设计图样在放样平台上,以 1∶1 比例划出结构部件或零件的图形和平面展开尺寸。放样的目的一方面是检查设计图样的正确性,另一方面为制作样板提供实样形,包括展开图。上述按样板或 1∶1 比例进行划线的方法,称为实样法。也可由人工或用数控绘图仪在涤纶薄膜上按 1∶10 的比例绘图,经光学仪器放大成 1∶1 图像投射到待下料的原材料上,再由人工或用电动划线设备描绘下来。这种划线方法称为比例法。与实样法相比,比例法的效率高、劳动强度低,便于排料且不必制作样板。

在现代焊接结构生产中,计算机辅助设计(Computer Aided Design,CAD)和计算机辅助制造(Computer Aided Manufacture,CAM)技术日益普及。不仅可以利用 AutoCAD、Pro/Engineering 软件进行设计,显示平面图形(包括断面图、剖视图、局部视图),还可根据需要显示其三维图形,检查设计图形的正确性和相互干涉,而不再需要放样工序。

如果采用现代先进的数控自动切割机下料,则可完全省略划线、放样等工序。最简单的方法是将光电寻踪器与数控切割机配套使用,在图形寻踪中可以将任何一种几何形状数字化,并转换成数控数据,使所寻踪的几何形状图形直接转换成切割机的动作程序。

目前,大多数数控切割机配备基于 PC 的高性能数控系统,结合相应的软件,可将计算机辅助设计的图样通过移动储存器或企业局域网直接输入数控系统,自动转换成数据文件和控制程序,完成自动切割。因此,在现代化焊接生产企业中,划线与放样工序基本上由数控切割机所取代。

放样、划线、号料常用的设备、工具和量具主要有放样平台或放样场地、钢卷尺(2~50 m)、90°角尺、1 m 钢直尺、2 m 平尺、量角器、长划规、划规、划针、冲头、锤子、内外卡钳和粉线盒等。如果采用比例划线法,则应配备数控绘图仪和光学投影仪等。

2. 划线工具

1)划针

划针如图 2-8(a)所示,是直接在工件上划线的工具,可用直径 3~5 mm 的高速工具钢制成,在已加工面上划线时,保证划出的线条宽度在 0.05~0.1 mm。在铸件、锻件等加工表面划线时,用尖端焊有硬质合金的划针,以便保持划针的长期锋利,此时划线宽度应在 0.1~0.15 mm 范围。

划针通常与直尺、90°角尺、三角尺、划线样板等导向工具配合使用。用划针划线时,一手压紧导向工具,另一手使划针尖靠紧导向工具的边缘,并使划针上部向外倾斜 15°~20°,同时向划针前进方向倾斜 45°~75°,如图 2-8(b)所示。划线时用力大小要均匀适宜,一根线条应一次划成。

2)划规

划规如图 2-9 所示,是用来划圆、圆弧、等分线段、量取尺寸的工具。常用的划规有普通划规、弹簧划规、扇形划规等。

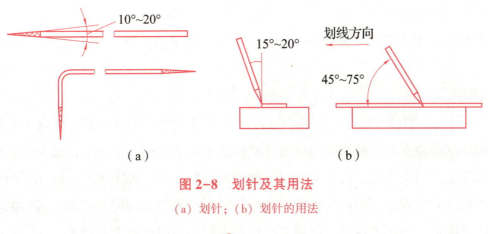

图 2-8 划针及其用法

(a) 划针；(b) 划针的用法

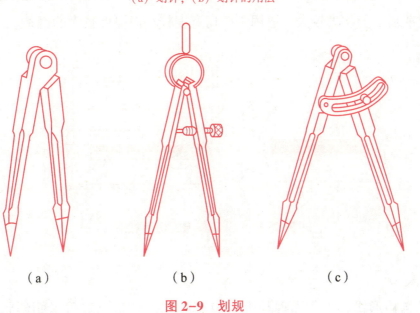

图 2-9 划规

(a) 普通划规；(b) 弹簧划规；(c) 扇形划规

二、剪切

1. 剪切工艺

采用普通剪板机剪切钢板的过程如图 2-10 所示。将待剪切的钢板 2 送入上刀片 4 和下刀片 1 之间。由挡铁 5 定位，压紧器 3 压紧钢板后，上刀片 4 向下冲压，对切口处金属进行挤压、弯曲，最终将钢板剪断。

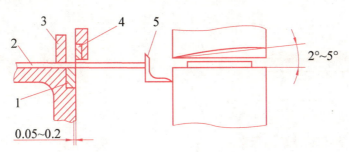

图 2-10 采用普通剪板机剪切钢板的过程

1—下刀片；2—钢板；3—压紧器；4—上刀片；5—挡铁

2. 剪床的分类

根据被剪切零件的厚度和几何形状，剪床可以分为平口剪床、斜口剪床、圆盘剪床和龙门剪床等。

1）平口剪床

如图 2-11 所示，平口剪床有上下两个刀刃，下刀刃 3 固定在剪床的工作台 4 的前沿，上刀刃 1 固定在剪床的滑块 5 上。滑块在曲柄连杆机构的带动下进行上下运动。被剪切的板料 2 放在工作台上，置于上下刀刃之间，由上刀刃的运动而将板料分剪。因上下刀刃互相平行，故称为平口剪床。这种剪床的特点是上刀刃与被剪切的板料在整个宽度方向同时接触，板料的整个宽度同时被剪断，因此所需的剪切力较大，适用于剪切宽度较小而厚度较大的钢条。

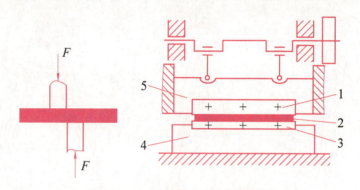

图 2-11 平口剪床剪切示意图

1—上刀刃；2—板料；3—下刀刃；4—工作台；5—滑块

2）斜口剪床

斜口剪床的结构形式和工作原理与平口剪床相同，只是上刀刃呈倾斜状态，与下刀刃成一个夹角 β，如图 2-12 所示。与平口剪床比较，斜口剪床剪切时，并非沿板料的整个宽度方向同时剪裂，而只是某一部分材料受剪，随着刀刃的下降，板料的两部分连续地沿宽度方向逐渐分离。因此，在剪切过程中，所需剪切力小，其值近似为一常数，可以剪切又宽又厚的钢板，得到较广泛应用。但是，上刀刃的下降将拨开已剪部分板料，使其向下弯、向外扭而产生弯扭变形，如图 2-13 所示。上刀刃倾斜角度越大，弯扭现象越严重。在大块钢板上剪切窄而长的条料时，变形尤为明显。

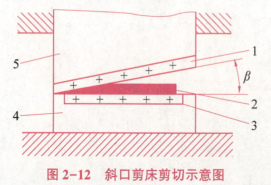

图 2-12 斜口剪床剪切示意图

1—上刀刃；2—板料；3—下刀刃；4—工作台；5—滑块

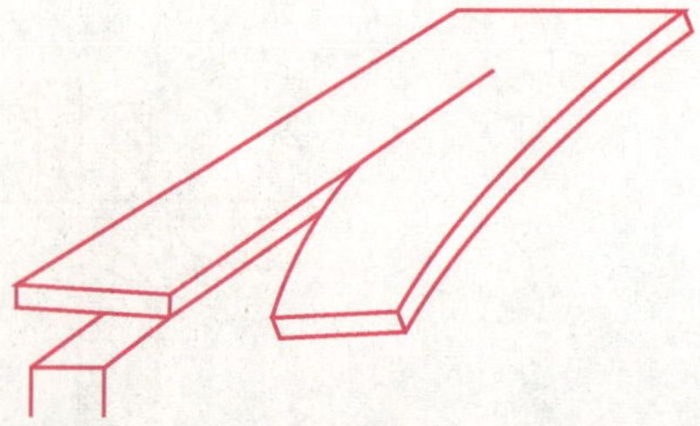

图 2-13 斜口剪床剪切时的弯扭现象

平口剪床和斜口剪床只能剪直线。

3）圆盘剪床

圆盘剪床上的上下刀刃皆为圆盘状。剪切时上下圆盘刀以相同的速度旋转，被剪切的板料靠本身与刀刃之间的摩擦力而进入刀刃中，完成剪切工作，如图2-14所示。

圆盘剪床剪切是连续的，生产率较高，能剪切各种曲线轮廓，但所剪板料的弯曲现象严重，边缘有毛刺，一般适合剪切较薄钢板的直线或曲线轮廓。

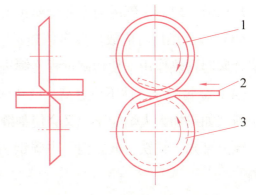

图2-14　圆盘剪床工作简图

1—上圆盘刀刃；2—板料；3—下圆盘刀刃

4）龙门剪床

龙门剪床的刀刃长度要比斜口剪床长得多，能剪较宽的板料，但剪切的板厚受到剪床功率的限制。根据传动装置的布置位置，龙门剪床又分上传动和下传动两种。

下传动龙门剪床的传动装置布置在剪床的下部，机架较轻巧但占地面积大，适用于剪切5 mm以下的板材；上传动龙门剪床的传动装置布置在剪床的上部，它的结构比下传动复杂，用于剪切5 mm以上的板材。

三、气割

气割是利用氧乙炔焰将被切割金属预热到燃点后，向此处喷射高压氧气流，使达到燃点的金属在切割氧流中燃烧，从而形成熔渣，并借助氧气流的吹力将熔渣吹掉，如图2-15所示。同时，金属燃烧时产生的热量和预热火焰一起，又把邻近的金属预热到燃点，将割炬沿切割线以一定的速度移动，即可形成割缝，使金属分离。预热火焰通常采用中性焰或轻微氧化焰。

图2-15　气割

1. 金属气割应具备的条件

（1）金属的燃点必须低于其熔点，这是保证切割在燃烧过程中进行的基本条件。否则，切割时便成了金属先熔化后燃烧的熔割过程，使割缝过宽，而且极不整齐。

(2) 金属氧化物的熔点低于金属本身的熔点，同时流动性要好。否则，将在割缝表面形成固态熔渣，阻碍氧气流与下层金属接触，使气割不能进行。

(3) 金属燃烧时应放出较多的热量。满足这一条件时，上层金属燃烧产生的热量才能对下层金属起预热作用，使切割过程连续进行。

(4) 金属的导热性不应过高。散热太快会使割缝金属温度急剧下降，达不到燃点，使气割中断。如果加大火焰能率，又会使割缝过宽。

综上可知，纯铁、低碳钢、中碳钢和普通低合金钢能满足上述条件，所以能顺利地进行气割。

2. 影响气割质量的因素

(1) 如果切割氧气的纯度低于 98%，其中的氮气等在切割时就会吸收热量，并在切口表面形成其他化合物薄膜，阻碍金属燃烧，使气割速度降低，氧气消耗量增加。

(2) 切割氧气的压力过低会引起金属燃烧不完全，降低切割速度，且割缝间有粘渣现象。过高的压力反而使过剩的氧气起冷却作用，造成切口表面不平现象，所以切割氧气压力一般为 0.45~0.5 MPa。

(3) 切割氧气最佳的射流长度可达 500 mm 左右，且有明晰的轮廓，此时吹渣流畅，切口光洁，棱角分明，否则粘渣严重，切口上下宽窄不一。

3. 气割应用

金属气割由于设备简单，操作方便，生产率较高，切割质量较好，成本较低，可以切割厚度大、形状复杂的零件，已经成为金属加工中一种较为有效的工艺，得到了广泛应用。气割可分为手工气割、半自动气割、仿形气割、光电跟踪气割和数控气割等。

四、等离子弧切割

等离子弧切割是目前在工业生产中应用最广的电弧切割方法。它是利用等离子弧的高温熔化被切割金属材料，并由高速的等离子气流吹除熔化金属，实现切割的工艺方法。

1. 等离子弧切割原理

等离子弧切割是利用特殊结构的割枪产生的高温等离子弧及高速气流共同作用的结果，如图 2-16 所示。首先在钨极与喷嘴之间建立辅助电弧，将部分离子气电离，再在钨极与工件之间引燃主电弧，这种电弧又称转移型等离子弧。高温高速等离子气流可瞬间熔化被割金属，并同时将其吹除而形成切口。

等离子弧切割与传统的气割相比，具有能量集中、切割变形小、切割起始端不需要预热等优点。

图 2-16　等离子切割

尤其是空气等离子弧切割的问世使这种切割工艺更具机动、灵活、生产成本低安全、环保等突出的优越性。在焊接结构生产中，等离子弧切割是一种值得推广的热切割方法。

2. 等离子弧切割工艺

1）普通等离子弧切割

普通等离子弧切割是一种传统的等离子弧切割工艺，通常采用单一的氮气作为离子气和切割气，喷嘴外围不用保护气。其特点是离子气流和切割气流从同一个喷嘴喷出，结构比较简单。

2）双层气流等离子弧切割

双层气流等离子弧切割的割枪喷嘴外围再加一个环形保护气罩，通以与切割气流同轴的保护气流。这种保护气流不仅对离子气流和切割区起保护作用，改善了切口的质量，尤其是在切割不锈钢和铝合金时，作用比较明显，还能略微提高切割速度。目前，市场上销售的标准等离子弧割枪大多数采用双层气流保护的结构形式。常用的保护气体有氮气、空气、水、氩—氢混合气体等。

3）水再压缩空气等离子弧切割

水再压缩空气等离子弧切割又称注水等离子弧切割，这种切割工艺是将空气等离子弧在靠近喷嘴出口处再用旋转水流加以压缩，使能量密度得到进一步提高。即向等离子弧喷水，可使其进一步压缩，弧柱热量更为集中，提高了切口的平行度和垂直度，加快了切割速度，减少了切口底边的结瘤。

4）空气等离子弧切割

空气等离子弧切割是采用压缩空气作为离子气的一种切割工艺。空气等离子弧切割的特点是，压缩空气在电弧高温的作用下，被迅速分解和电离，生成的氧与被割金属产生放热化学反应，加快了切割速度。被充分电离的空气热焓值高，有助于提高切割速度。另外，空气是自然资源，成本低。因此，空气等离子弧切割是一种经济的热切割工艺，现已被普遍推广使用。

5）精细等离子弧切割

精细等离子弧切割是采用纯氧作为离子气和特殊结构的割枪，实现精密高速切割的一种热切割工艺，具有切割速度快、切割表面平直、光洁、底边无粘渣等特点。

6）数控等离子弧切割（新技术应用）

数控等离子弧切割是一项发展迅速的新技术，它所产生的温度为一般电弧的 5~6 倍，其切割速度是气割的 3~6 倍。切割质量好，可切割的材料种类多，尤其擅长于切割薄板。随着等离子技术的发展，等离子切割机也能切割较厚的钢板。

五、激光切割

激光切割是 20 世纪 60 年代末期发展起来的技术。

1. 激光切割的原理

激光切割是利用能量高度集中的激光束熔化或气化被割材料,并借助辅助气体将熔化金属吹除形成切口的切割方法。激光切割的原理如图 2-17 所示。

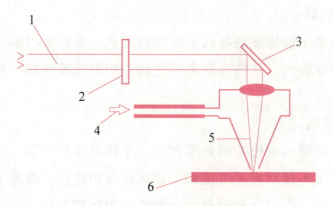

图 2-17 激光切割的原理

1—激光束；2—开光；3—45°反射镜；4—气体；5—聚集光束；6—工件

2. 激光切割的特点

与其他热切割工艺相比,激光切割具有以下优点：

(1) 切割质量优异,切口细,切口平直,热影响区小,底边不黏附熔渣。大多数激光切割件,无须再做进一步的机械加工。

(2) 切割效率高,激光束的功率密度大,切割速度快,特别是薄板的切割,最高割速可达 5 m/min。同时,由于切口细,便于套裁而节省材料。

(3) 切割材料种类不受限制。激光切割可以用于绝大多数金属材料和非金属材料的切割,如皮革、木材、塑料和橡胶等。

(4) 切割变形小。因激光束能量高度集中,切割变形小,精度高,故可以省略切割后的矫正、整形和精加工等后续工序。

激光切割的缺点是设备的一次性投资较大,当采用惰性气体作辅助气体时,生产成本较高。图 2-18 所示为激光切割工件。

图 2-18 激光切割工件

六、水射流切割工艺（绿色切割工艺）

近年来，水射流切割工艺逐渐发展起来。水射流主要用于热切割无法进行或者需要采用昂贵的机械切割工具及割缝需要磨光的场合。图2-19所示为水射流切割。

水射流切割的原理是先将水加压到数百兆帕的高压，然后将高压水通过一个特殊设计的、孔径极小的喷嘴，利用以大约3倍音速喷射出来所形成的，具有极高动能的水射流来切割各种材料。水射流切割分为纯水射流切割和添加磨料的水射流切割。

随着水射流切割能力的提高，水射流几乎能切割一切材料，如特种钢、钛、铜、铝、铅、玻璃、橡胶、塑料、陶瓷和天然岩石等。水射流切割与其他切割方法相比，具有以下特点：

图2-19 水射流切割

(1) 切割时不产生热量，不会影响金属特性。
(2) 可得到高质量的割缝，不会产生任何毛刺、挂渣等，割缝边缘平直，表面光滑。
(3) 水射流切割所形成的割缝较窄，可大幅度提高零件尺寸精度和材料利用率。
(4) 水射流切割不会产生环境和冶金污染。
(5) 水射流切割生产效率高，可切割特殊规格大厚度钢板而不需要多道工序加工。

七、冲裁

冲裁是利用模具使板料分离的冲压工艺方法。根据零件在模具中的位置不同，冲裁分为落料和冲孔，当零件从模具的凹模中得到时称为落料，而在凹模外面得到零件时称为冲孔。冲裁的基本原理和剪切相同，板料分离的过程分为三个阶段，即弹性变形、塑性变形和断裂。但由于凹模通常是封闭曲线，因此零件对刃口有一个张紧力，使零件和刃口的受力状态都与剪切不同。

1. 冲裁模

冲裁是利用安装在压力机上的冲裁凸凹模来实施的，冲裁模的结构形式很多，常用的有简单冲裁模和导柱冲裁模。

(1) 简单冲裁模：在冲床上每一次行程只能完成冲孔或落料一道工序。其结构简单，制造容易，适用于生产批量不大、精度要求不高、外形简单的零件冲裁。

(2) 导柱冲裁模：具有安装方便、使用寿命长的特点，但制作复杂，一般适用于大批量的零件冲裁。

2. 冲裁间隙

冲裁间隙是指冲裁模的凸模与凹模刃口之间的间隙，如图2-20所示。设凹模刃口尺寸为

D，凸模刃口尺寸为 d，则冲裁间隙 Z 可用下式表示：

$$Z = D - d$$

冲裁间隙 Z 的大小对冲裁件质量、模具寿命、冲裁力的影响很大，它是冲裁工艺与模具设计中的一个重要的工艺参数。冲裁时，如果间隙合适，那么产生的冲裁断面比较平直、光洁，毛刺较小，即工件的断面质量较好。间隙过小，零件的尺寸精度会有所提高，但冲裁力增加，对设备要求提高，模具磨损加剧；间隙过大，零件的弯曲变形加大，尺寸精度降低，断口的塌角和毛刺加大。因此，应根据零件精度、模具寿命和设备能力要求等因素进行综合分析，确定一个合理的冲裁间隙值。

3. 合理排样

在实际生产中，排样方法可分为有废料排样、少废料排样和无废料排样三种，排样时，工件与工件之间或孔与孔间的距离称为搭边。工件或孔与坯料侧边之间的余量称为边距。如图 2-21 所示，b 为搭边，a 为边距。搭边和边距的作用是补偿工件在冲压过程中的定位误差。同时，搭边还可以保持坯料的刚度，便于向前送料。生产中，搭边及边距的大小，对冲压件质量和模具寿命均有影响。若搭边及边距过大，材料的利用率会降低；若搭边和边距太小，在冲压时条料很容易被拉断，并使工件产生毛刺，有时还会使搭边拉入模具间隙中。

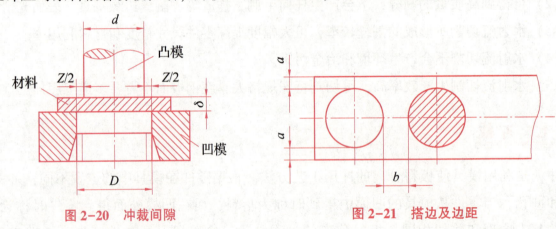

图 2-20　冲裁间隙　　　　图 2-21　搭边及边距

八、坯料的边缘加工

1. 金属毛坯的边缘加工

切割下料的金属毛坯在下列情况下还需进行边缘加工：①为保证装配的精度；②为了去除不良的边缘（如气割的热影响区和剪切的冷作硬化区）；③毛坯倒角和加工焊接坡口等。边缘加工的方法有车、刨、气割，以及碳弧气刨、铲等。

2. 钢板的边缘加工

钢板的边缘加工，主要是指焊接结构件的坡口加工，常用的方法有机械切割和热切割两类。

1) 机械切割

机械切割可加工各种形式的坡口，如 I 形、V 形、U 形、X 形及双 U 形等。

刨边机和铣边机都是加工构件边缘坡口的专用设备。一般经剪切和半自动气割的平直构件都可在刨边机上刨出坡口，尤其是 U 形坡口，绝大多数是由刨边机加工的。由于刨边机设备大，加工效率低，而且只能加工坡口，因此随着切割技术的发展，多数工厂采用热切割法来进行坡口的加工。

2）热切割

热切割方法一般分为两类，一类是采用半自动气割机专门加工坡口，另一类是采用门式气割机或数控氧乙炔切割机。一般是在进行构件边缘切割时，同时切割出焊接坡口。为此，必须将两个或三个割炬组合成一个割炬组直接安装在气割设备上，利用该割炬组来加工所要求的坡口形状。图 2-22 所示为热切割法加工各种焊接坡口。

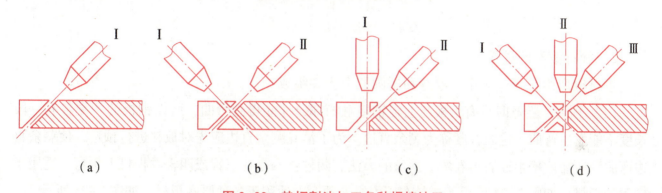

图 2-22　热切割法加工各种焊接坡口

(a) V 形坡口；(b) X 形坡口；(c) Y 形坡口；(d) 带钝边的 X 形坡口

采用割炬组进行切割加工，可使焊接构件的下料和加工坡口工作一次完成，既简化了焊接构件的加工过程，又提高了工作效率。

九、滚弯成型工艺

滚弯成型是将板材或型材通过成型机械的辊轴转动，并施加一定的压力使其弯曲成型的工艺。对于板材的滚弯成型，在工程上习惯称为卷板。在焊接结构的制造中，它是主要的成型工艺之一。

1. 板材滚弯

1）板材滚弯的原理

通过旋转辊轴使坯料（钢板）弯曲成型的方法称为滚弯，又称卷板。滚弯时，钢板置于卷板机的上、下辊轴之间，当上辊轴下降时，钢板便受到弯矩的作用而发生弯曲变形，如图 2-23（a）所示。上、下辊轴的转动，通过辊轴与钢板间的摩擦力带动钢板移动，使钢板受压位置连续不断地发生变化，从而形成平滑的曲面，完成滚弯成型过程。

卷制成型后，在成型件的下表面与两个辊轴的最高点 B、C 相接触，其上表面与上辊轴的最低点 A 相接触，这样，上下辊轴之间的垂直距离等于成型件的板厚，如图 2-23（b）所示。

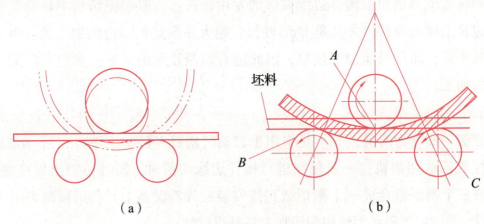

图 2-23 三辊轴滚弯过程

(a) 滚弯过程；(b) 滚制成型

2) 板材滚弯的过程

板材滚弯由预弯、对中、卷弯和矫圆四个步骤组成。

(1) 预弯。卷弯时只有钢板与上辊轴接触的部分才能得到弯曲，所以钢板的两端各有一段长度不能发生弯曲，这段长度称为剩余直边。为了消除剩余直边应先对板料进行预弯，使剩余直边弯曲到所需曲率半径后再卷弯。预弯的方法有两种：一是在三辊或四辊卷板机上预弯，适用于较薄的板材，如图 2-24 所示；二是在压力机上预弯，适用于各种厚度板材，如图 2-25 所示。

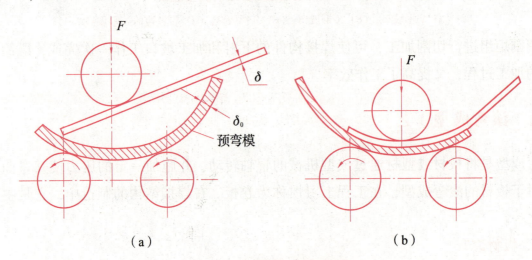

图 2-24 用三辊卷板机预弯

(a) 预弯模；(b) 预弯过程

(2) 对中。在滚弯时如果板料放不正，滚弯后会发生歪扭，在滚弯前使辊的中心线与钢板的中心线平行，即对中。常用的对中方法如图 2-26 所示。图 2-26（a）是利用四辊卷板机的侧辊对正钢板；图 2-26（b）是安装一个可以转到上面的挡铁来对正钢板；图 2-26（c）是先抬起钢板使其顶到下辊上，然后放平（放平时可能有移动，不太准确）；图 2-26（d）是利用下辊上的直

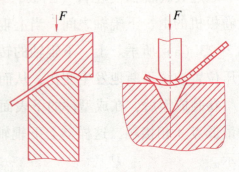

图 2-25 用压力机预弯

槽对正钢板；图 2-26（e）是用直角尺和钢板上的轴线，调整轴线与辊平行；图 2-26（f）是利用卷板机两边平台上的挡铁来定位，使钢板边缘垂直于轴辊。

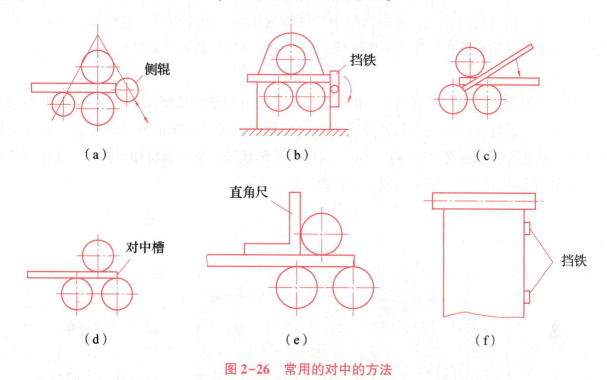

图 2-26　常用的对中的方法

（3）卷弯。一般情况下，卷弯时并不加热钢板。但是，在钢板厚度较大而卷弯直径较小时，冷卷容易产生较严重的冷作硬化及较大的内应力，甚至产生裂纹。所以，这种情况需要对钢板加热后卷制。常用低碳钢、普低钢的热卷加热温度为 900～1 050 ℃，终止温度不低于 700 ℃。热卷能防止板料的加工硬化现象，但热卷时操作困难，氧化皮危害较大，板料变薄现象较为严重。因此，也可以试用温卷，即把钢板加热到 500～600 ℃ 进行卷弯。

冷卷时，上辊的压下量取决于来回滚动的次数、要求的曲率及材料的回弹。因此，实际工作中常采用逐渐分几次压下上辊并随时用卡样板检查的办法卷弯。对于薄板件来说，可以卷得比要求大一些，用锤子在外面轻敲就可矫正，而曲率不足时不易矫正。在卷弯较厚钢板时，一定要常检查，仔细调节压下量，一旦曲率过大将很难矫正。

（4）矫圆。由于压头曲率不正确或卷弯时曲率不均匀，可能在接口处产生外凸或内凹的缺陷，这时可以在定位焊或焊接后进行局部压制卷弯，如图 2-27 所示。对于壁厚较大的圆筒，焊后经适当加热再放入卷板机内经长时间加压滚动，可以把圆筒矫得很圆。

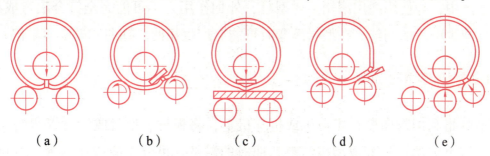

图 2-27　矫正棱角的几种方法

3）圆锥面的滚弯

圆锥面的素线不是平行的，所以不能用三个辊互相平行的卷板机卷制出来。但是，可先调整上辊使其倾斜适当的角度，然后在很小的区域内压制并稍作滚动，这样每次压卷一个小区域后，必须转动钢板后再压卷下一个区域，也可卷制出质量较好的圆锥面。

2. 型材滚弯

型材包括角钢、槽钢和工字钢等，也可采用滚弯的方法进行成型加工。图 2-28 所示为角钢和槽钢的滚弯过程。角钢的滚弯原理与板材滚弯相同，只是辊轴的外形较复杂，必须与型材的断面形状相配，如图 2-28（a）所示。对于断面形状较复杂的型材如槽钢，为简化辊轮的配置，可采用图 2-28（b）所示的组合式辊轮。

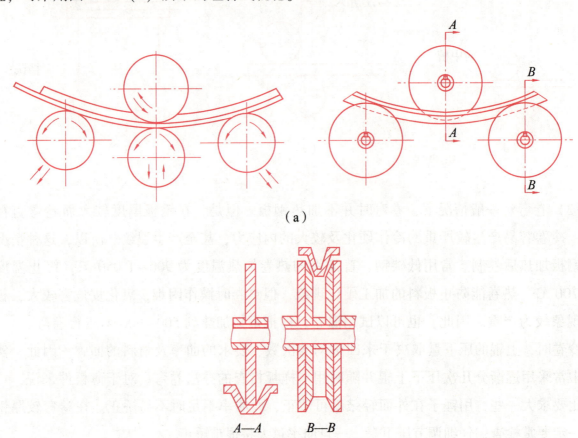

图 2-28　角钢和槽钢的滚弯过程
(a) 角钢的滚弯过程；(b) 槽钢的滚弯过程

在实际生产中，如使用通用滚轮滚弯型材，外加作用力不可能完全符合滚弯成型的要求，型材的两侧也缺少可靠的制约。在型材滚弯时可能会产生扭曲、翘曲和畸变等缺陷。

十、压弯成型工艺

压弯成型是指利用弯曲模在压力机或折弯机上，将板材、型材或管材等弯曲成一定角度和曲率的一种成型方法。压弯成型按材料弯曲时的温度，可分为冷弯和热弯。按材料弯曲成型特点又可分为两大类：一类是板材和型材，在压力机或折弯机上使用专用或通用模具压弯成型，如图 2-29（a）所示；另一类是管材，在压力机或弯管机上使用与管径相配的工具、模具压弯成型，如图 2-29（b）所示。

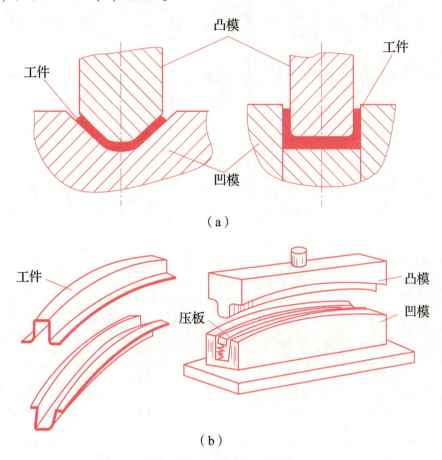

图 2-29　板材和型材压弯
（a）板材压弯；（b）型材压弯

1. 板材压弯

1）板材压弯过程及特点

板材在压力机上使用 V 形［图 2-30（a）］或 U 形［图 2-30（b）］模进行压弯是基本的弯曲形式，可将板材一次弯曲成型，其变形过程如图 2-30（c）所示。

弯曲开始时，凸模和凹模与板料在 A、B 处相接触，凸模在 A 处所施加的外力为 $2F$，凹模面上 B 处产生反作用力与外力构成弯曲力矩 FL。

在弯曲力矩作用下，初始阶段，板料产生变形，当变形量达到一定值后，板料内外表面开始屈服，产生塑性变形。随着凸模逐渐压入凹模，板料内外表面全部出现塑性变形。在凹模上的支撑点 B 逐渐向模具中心移动，同时弯曲力臂 L 和圆角半径 r 逐渐减小，板料与凹模 V 形表面接触，直到板料与凸模三点接触。再继续下压凸模，板料与凸模接触点数目逐渐增多。凸模两侧与板料直边接触点挤压板料直边部分向相反方向变形，使两直边紧贴模具，且其夹角与凸凹模圆角半径完全吻合，弯曲过程结束。

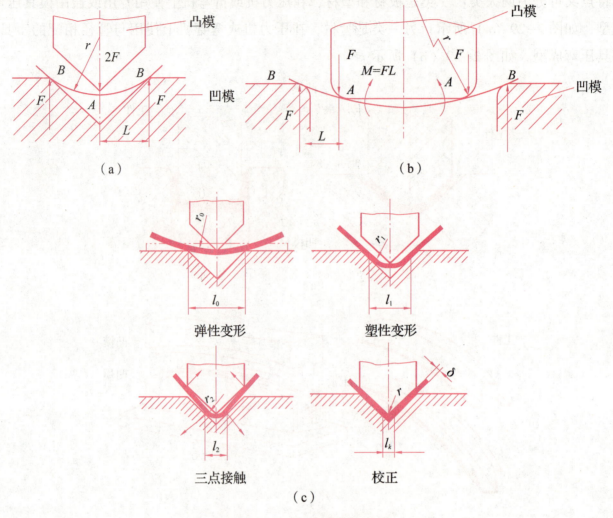

图 2-30 板材弯曲成型过程

(a) V 形弯曲；(b) U 形弯曲；(c) V 形弯曲过程

2）最小弯曲半径

最小弯曲半径一般是指材料在不发生破坏的情况下所能弯曲的最小曲率半径。弯曲时，最小弯曲半径受到板料外层最大许可拉伸变形程度的限制，超过这个变形程度，板料将产生裂纹。因此，板料的最小弯曲半径是设计弯曲件、制订工艺规程所必须考虑的一个重要问题。

在一般情况下，弯曲半径应大于最小弯曲半径。由于结构要求等原因，弯曲半径必须小于或等于最小弯曲半径时，应该分两次或多次弯曲，也可采用热弯或预先退火的方法，以提高材料的塑性。

3）金属材料的回弹现象

在压弯成型过程中，金属发生塑性变形的同时，仍还有部分弹性变形存在。而弹性变形部分在卸载时（除去外弯矩）要恢复原来状态，使弯曲件的曲率和角度发生变化，这种现象称为回弹。回弹现象的存在，直接影响弯曲件的几何精度，必须加以控制。减小回弹的主要措施如下：

(1) 将凸模角度减去一个回弹角，使板料弯曲程度加大，板料回弹后恰好等于所需要的角度。

(2) 采取校正弯曲,在弯曲终了时进行校正,即减小凸模的接触面积或加大弯曲部件的压力。

(3) 减小凸模与凹模的间隙。

(4) 采用拉弯工艺。

(5) 在必要时,如果条件允许可采用加热弯曲。

2. 型材压弯

各种标准型材的压弯可分为弯圆和弯角两种。弯圆可分为向内弯圆和向外弯圆两种,如图2-31(a)所示。型材按弯曲角的大小不同,可分为大于90°的钝角件、90°直角件和小于90°的锐角件三种,如图2-31(b)所示。准备弯角的型材,应在弯制前根据所要求的弯曲角大小计算出锯切角α值,并对称锯切V形槽的两侧边,如图2-31(c)所示。型材弯角可以采用手工锤打,亦可在型材压弯机上进行,如图2-31(d)所示。

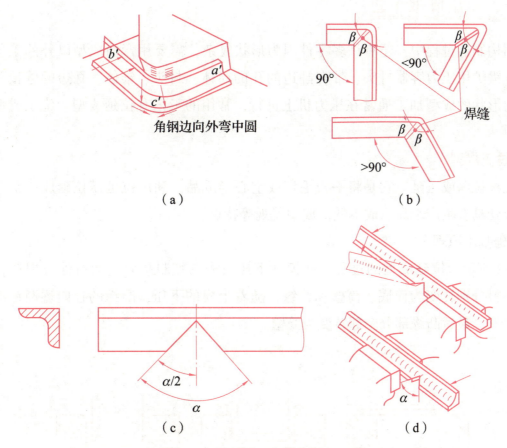

图2-31 角钢弯圆和弯角成型防范

(a) 角钢弯圆;(b) 角钢弯角;(c) 锯切角;(d) 角钢压弯

3. 管材压弯

管材压弯是弯管成型常用的方法。在工程上已普遍采用的弯管方法有滚弯法、绕弯法、推弯法和挤弯法。

1) 管子弯曲时的变形

管子弯曲时,在外力矩的作用下,其外侧管壁受拉应力的作用而减薄,内侧管壁受压应力的作用而增厚，管子截面形状会发生畸变。

2）减少弯管截面变形的措施

弯管时，可以采取下列工艺措施，减少管子截面的变形。

(1) 加顶墩力。弯管时，在管子的轴线方向加一定的顶镦力，使管子截面产生附加的压应力以全部或部分抵消外壁的拉应力，可减少外壁的减薄。这种方法适用于拉拔式冷弯。

(2) 管内加芯棒或装填料。管子拉拔式冷弯时，在管内加芯棒可以消除内壁起皱，但在某些情况下，可能加剧外壁的减薄。若同时采用芯棒和防皱板，则可取得较好的效果。管子热弯时，在管内加填料可基本上消除内壁起皱。

(3) 反变形法。采用特制的弯管模，在弯管前对管子截面作反变形，可消除弯管时管子截面的失圆。这种方法比加芯棒和装填料效果更好，操作简便，易于实现机械化和自动化。

十一、冲压成型工艺

焊接结构制造过程中，还有许多零件因为形状复杂，需要用弯曲成型以外的工艺进行加工。例如，锅炉用压力容器封头、带有翻边的孔的筒体、封头、锥体、翻边的管接头等，这些复杂曲面形状的成型加工通常在压力机上进行，常用的工艺有拉延成型、旋压成型和爆炸成型等。

1. 拉延成型

拉延又称拉深或压延，它是将平板毛坯或空心半成品，利用拉延模拉延成一个开口的空心零件。拉延具有生产率高、成本低、成型美观等特点。

1）拉延基本原理

图2-32所示为拉延成型的过程。凸模往下压时先与坯料接触，然后强行把坯料压入凹模，迫使坯料分别转变为筒底、筒壁和凸缘，随着上模的下压，凸缘的径向逐渐缩小，筒壁部分逐渐增长，最后凸缘部分全部转变为筒壁。

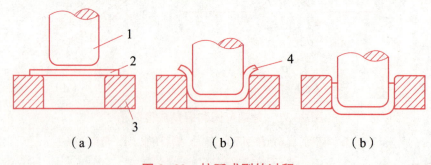

图2-32 拉延成型的过程

(a) 拉延前；(b) 拉延中；(c) 拉延结束

1—凸模；2—坯料；3—凹模；4—拉延试件

2）拉延过程中的问题

(1) 起皱。在圆筒形件拉延过程中，凸缘部分的材料受切向应力的作用。当切向应力达到一定值时，凸缘部分材料失去稳定而在整个周边方向出现连续的波浪形弯曲，这种现象称为起皱。

防止起皱的有效方法是采用压边圈，压边圈安装在凹模上面，与凹模表面之间留有 1.15~1.2 倍板厚的间隙。

（2）拉穿。拉延时，筒壁总拉应力增大，若超过了筒壁最薄弱处（筒壁的底部转角处）的材料强度，拉延件就会产生拉穿现象。所以此处的承载能力大小是决定拉延能否顺利成型的关键。

（3）壁厚变化。拉延过程中拉延件各部位的壁厚都会发生变化，图 2-33 所示为碳钢封头拉延后的壁厚变化情况。图 2-33（a）中椭圆形封头在曲率半径最小处变薄量最大，可达 8%~10%；图 2-33（b）所示的球形封头在底部变薄最严重，可达 12%~14%。

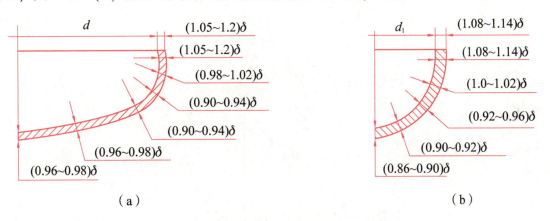

图 2-33 碳钢封头拉延后的壁厚变化情况
(a) 椭圆封头；(b) 球形封头

为了弥补封头壁厚的变薄，可以适当加大封头毛坯料的板厚，以使封头变薄处的厚度接近容器的壁厚。

3）对拉延件的基本要求

（1）拉延件外形应简单、对称，且不要太高，以便使拉延次数尽量少。

（2）在不增加工艺程序的情况下，拉延件的圆角最小许可半径如图 2-34 所示。否则，将增加拉延次数及整形工作量。

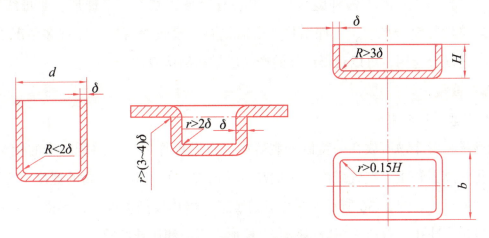

图 2-34 拉延件的最小许可半径

2. 旋压成型

1) 旋压成型的基本原理

旋压是在专用的旋压机上进行，图2-35所示为旋压工作简图。毛坯3用尾顶针4上的压块5紧紧压在模胎2上，当主轴1旋转时，毛坯和模胎一起旋转，操作旋棒6对毛坯施加压力，同时旋棒又做纵向运动。开始旋棒与毛坯是一点接触，由于主轴旋转和旋棒向前运动，毛坯在旋棒的压力作用下产生由点到线及由线到面的变形，逐渐地被赶向模胎，直到最后与模胎贴合为止，完成旋压成型。

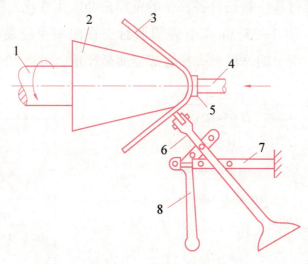

图 2-35 旋压工作简图

1—主轴；2—模胎；3—毛坯；4—尾顶针；5—压块；6—旋棒；7—支架；8—助力臂

2) 旋压成型的特点

（1）旋压是一种连续局部塑性加工过程。瞬间的变形区很小，所需的总变形力相应减小。

（2）旋压成型是不需要大型压力机和模具的，与拉延成型相比，所需设备简单、机动性好，用简单模具可制造出规格多、数量少、形状复杂的零件，大大缩短了生产准备周期。

（3）加工封头的表面粗糙度值小，形状准确，不起皱，精度高。

3) 旋压成型的应用

可旋压的工件形状局限于各种旋转体，主要有筒形、锥形、半球形、曲母线和组合形。旋压成型的经济性与生产批量、工件结构、所需设备、模具等有关。在许多情况下，旋压要与其他冲压工艺配合应用，可以获得最佳的产品质量和经济效益。

3. 爆炸成型

1) 爆炸成型的基本原理

爆炸成型是将爆炸物质放在一特制的装置中，点燃爆炸后，利用所产生的化学能在极短的时间内转化为周围介质（空气或水）中的高压冲击波，使坯料在很高的速度下变形和贴模，从而达到成型的目的。图2-36所示为爆炸成型装置。爆炸成型可以对板料进行多种工序的冲压加工，如拉延、冲孔、剪切、翻边、胀形、校形、弯曲和压花纹等。

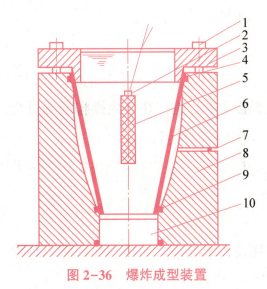

图 2-36 爆炸成型装置

1—纤维板；2—炸药；3—绳；4—坯料；5—密封袋；6—压边圈；
7—密封圈；8—定位圈；9—凹板；10—抽气孔

2) 爆炸成型的主要特点

(1) 爆炸成型不需要成对的刚性凸凹模同时对坯料施加外力，而是通过传压介质（水或空气）来代替刚性凸模的作用。因此，可简化模具结构。

(2) 爆炸成型可加工形状复杂、刚性模难以加工的空心零件。

(3) 回弹小、精度高、质量好。由于高速成型零件回弹特别小，贴模性能好，只要模具尺寸准确，表面光洁，则零件的精度高。

(4) 爆炸成型属于高速成型的一种。加工成型速度快（只需 1 s），操作方便，成本低，产品制造周期短。

(5) 爆炸成型不需要冲压设备。可成型零件的尺寸不受设备能力限制，在试制或小批生产大型制件时，经济效果显著。

3) 爆炸成型应注意的事项

(1) 爆炸成型时，模具里的空气必须适当排除，因为空气的存在不但会阻止坯料的顺利贴模，而且会因模腔内空气的高度压缩而造成零件表面的烧伤，因而影响零件的表面质量。因此，爆炸成型前，型腔内应保持一定的真空度。

(2) 爆炸成型必须采用合理的密封装置，如果密封装置不好，会使型腔的真空度下降，影响零件的表面质量。单件及小批生产时，可用黏土与油脂的混合物作为密封材料，批量较多时宜用密封圈结构。

(3) 爆炸成型在操作中有一定危险性，因此，必须熟悉炸药的特性，并严格遵守安全操作规程。

任务分析　零件加工边界的划法

零件加工边界划法主要是利用划线平台、划针、钢直尺、直角尺等工具在工件上进行划线，便于后续加工及确定加工边界。

一、实训方法

首先由老师示范讲解，然后学生分组，在学生操作训练过程中，老师进行指导，学生反复强化训练，达到熟练掌握该项技能的目的。

二、划线前的准备

1. 熟悉图样

划线前，应仔细阅读图样及技术要求，明确划线内容、划线基准及划线步骤，准备好划线工具。

2. 工件的检查

划线前，应检查工件的形状和尺寸是否符合图样与工艺要求，以便能够及时发现和处理不合格品，避免造成损失。

3. 清理工件

划线前，应对工件进行去毛边、毛刺、氧化皮及清除油污等清理工作，以便涂色划线。

4. 工件涂色

在工件划线部位涂色。

5. 在工件孔中装塞块

划线前，如需找出毛坯孔的中心，应先在孔中装入木块或铅块。

6. 用直尺划线

紧握直尺，先在需要划线处的两边各划出两条很短的线，保证其交点为所要求的刻度，然后用尺子将两点连接起来，如图 2-37 所示。划线时要注意，划针的尖端要沿着钢直尺的底边，否则划出的直线不直，尺寸不准确。划线时，划针必须沿划线方向倾斜 30°~60°，使针尖顺划线方向拖过去，碰到工件表面不平的地方，针尖可以滑过去；如果划针垂直或反向倾斜，碰到不平处，针尖会跳动，使划出的线条不直。

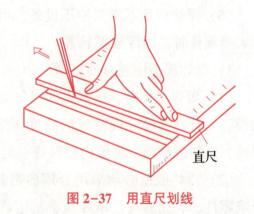

图 2-37 用直尺划线

7. 用 90°角尺划线

划平行线时，将 90°角尺的基准边紧贴在直尺上，根据要求的距离，推动角尺平移，并沿角尺的另一边划出平行线。

划垂直线时，先将 90°角尺的基准边靠在已经划好的直线上，然后沿角尺的另一边划出垂直线。

绘制基准边的垂直线时，先将90°角尺厚的一面靠在工件上，然后沿角尺的另一边划出垂直线。

8. 用划规划线

划圆弧和圆的时候要先划出中心线，确定中心点的位置，并在中心点打上样冲眼，最后用划规按要求的尺寸划圆弧或圆。若圆弧的中心点在工件的边缘上，划圆弧的时候就要采用辅助支承。在铸有孔的工件上划圆加工线时，先用辅助支承放在圆的中心处，按要求找正圆心，然后再划圆线，如图2-38所示。

9. 划线后打样冲眼

划完后的线条必须用打样冲眼来做标记，防止在搬运或移动的过程中把线擦掉。

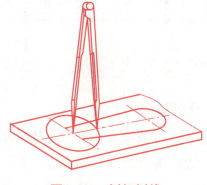

图2-38 划规划线

三、实操主要工艺步骤

（1）检查。

检查钢板变形情况，对边缘毛刺和尖角处进行必要修整，避免划伤。

（2）矫正。

如果钢板变形量较大，应根据钢板变形情况进行矫正。

（3）划长度为1 m的直线。

①确定直线两端点位置并打样冲眼定位。

②利用钢直尺连接两端点，注意划线要清晰。

（4）划长度为4 m的直线。

①确定直线两端点位置并打样冲眼定位。

②拉紧粉线，对准两端点，将粉线中点拉起再弹下，可弹两次以保证线条清晰。

（5）划长度为6 m的直线。

①确定直线两端点位置并打样冲眼定位。

②拉细钢丝对准两端点，将直角尺一边紧靠细钢丝，在钢板上找到等分点的投影点并打样冲眼，将6 m直线等分为3段。

③分别用粉线将3段直线弹出。

（6）测量所划直线长度，计算误差。

四、注意事项

注意事项如下：

（1）划线时应保证钢板平整，对变形量较大的钢板应进行必要的矫正。

(2) 弹粉线时应避免拉紧力过大造成粉线断开。

(3) 拉细钢丝划线时勿紧贴钢板,以保证等分点的投影点位置准确。

任务生产　鸭嘴榔头划线生产任务

一、任务说明

任务说明如下:

(1) 考核项目:按照图样要求对所需加工边界进行划线。

(2) 考试时间:20 min。

(3) 检验项目:外观测量检查。

(4) 合格标准:60 分。

二、备料清单

备料清单如表 2-2 所示。

表 2-2　备料清单

序号	项目	名称	规格	数量	备注
1	场地准备	①划线平台	—	1 工位	
		②划线其他工具		1 个	
2	钢材准备	Q235 钢	105 mm×18 mm×18 mm	1 块	
3	划线设备准备	划线平板	500 mm×400 mm	1 块	
4	划线工具准备	钢直尺、直角尺、方箱、钢板、白灰	—	1 套	
5	加工工具准备	划针、高度尺	—	各 1 个	可根据需要选择
6	检验工具	游标卡尺、放大镜	—	各 1 把	
7	劳保用品准备	工作服、工作帽	—	1 套、1 顶	

三、任务内容

任务内容为鸭嘴榔头划线,图样如图 2-39 所示。

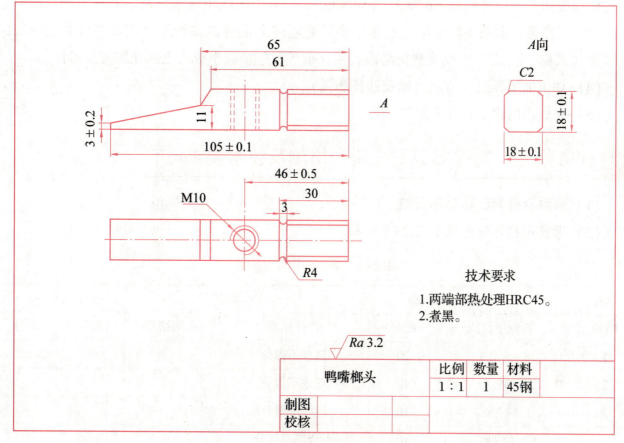

图 2-39 鸭嘴榔头划线图图样

（1）试件材质：Q235，105 mm×18 mm×18 mm。

（2）划线要求：

①划线时应保证钢板平整，对变形量较大的钢板应进行必要的矫正。

②弹粉线时应避免拉紧力过大造成粉线断开。

③要求画出的线条清晰均匀，尺寸准确。

④立体划线时，长、宽、高三个方向的线条要互相垂直。

⑤一般划线尺寸公差为 0.4 mm。

⑥划线的基准：划线时用来确定工件的各部分尺寸、几何形状和相对位置的某些点、线、面，称为划线基准。

⑦划线时，应从划线基准开始，划线基准应尽量和设计基准一致，便于直接量取划线尺寸。

四、任务须知

任务须知如下：

（1）在整个任务过程中，遵守安全操作规程，做到文明生产。

（2）根据图样要求，选定划线基准。

（3）对零件进行划线前的准备（清理、检查、涂色，在零件孔中装中心塞块等），在零件上划线部位涂上一层薄而均匀的涂料（即涂色），使划出的线条清晰可见。零件不同，涂料也不同，一般在铸、锻毛坯件上涂石灰水，小的毛坯件上也可以涂粉笔，钢铁半成品上一般涂龙胆紫（又称"兰油"）或硫酸铜溶液，铝、铜等有色金属半成品上涂龙胆紫或墨汁。

（4）划出加工界限（直线、圆及连接圆弧）。

（5）在划出的线上打样冲眼。

任务检测　鸭嘴榔头划线质量检测及技术要求

（1）采取百分制计算最终成绩。

（2）考核项目评分标准如表2-3所示。

表2-3　考核项目评分标准

学院		班级		姓名		学号	
序号	检测项目	配分	评分标准	实测结果	扣分	得分	
1	18（8处）	20	超差不得分				
2	105	10	超差不得分				
3	3（4处）	10	超差不得分				
4	C2（4处）	10	不合格不得分				
5	R4圆弧槽（4处）	10	不合格不得分				
6	46±0.5	10	不合格不得分				
7	65、61、30、11、3	10	自由公差不合格不得分				
8	外观	10	超差不得分				
9	安全文明操作	10	不合规范要求不得分				
合计							

交流学习

复习思考题

1. 剪床分为哪几种？各有何特点？
2. 钢材变形的原因有哪些？
3. 简述划线的一般步骤。

学习总结

本任务学习了焊接结构备料加工工艺的知识。请学生总结本任务所学内容，建议学习总结包含以下主要因素：

1. 你在本任务中学到了什么？
2. 你在团队共同学习的过程中，曾扮演过什么角色，对组长分配的任务你完成得怎么样？

3. 对自己的学习结果满意吗？如果不满意，那你还需要从哪几个方面努力？对接下来学习有何打算？

4. 学习过程中经验的记录与交流（组内）。

5. 你觉得这个任务哪里最有趣？哪里最无聊？

项目三
焊接结构的装配与焊接

项目导入

焊接结构的装配,通常是按施工图样将零件组装成部件,再将焊完的部件组装成整体结构的过程。在焊接结构制造中,焊接结构的装配是决定焊接质量主要的工序之一。而焊接结构的装配质量又取决于前道工序——下料和成型件的尺寸精度。在大批量流水线生产中,对焊接结构的装配质量及一致性提出了更为严格的要求,必须采用特种工装来保证,同时促使焊接结构生产企业尽可能采用先进的装配工艺及相应的装备,提高装配工艺过程的机械化和自动化程度。

任务一 焊接结构的装配

学习目标

知识目标
1. 了解焊接结构的装配基本知识;
2. 熟悉装配工艺的制订。

能力目标
1. 掌握焊接结构的装配工艺;
2. 能够对给定的焊接结构进行正确装配。

素质目标
1. 通过本任务的学习,强化职业道德素养;
2. 提高分析、解决实际问题的能力,养成一丝不苟的严谨作风;
3. 激发自主学习能力和热情。

知识储备　焊接结构的装配方案

一、装配的基本条件

在进行金属结构的装配时，将零件装配成部件称为部件装配，将零件或部件总装起来称为总装配。在装配过程中，任何零件的装配都必须先将其放到正确的位置，再采取一定措施将位置固定下来，最后测量装配位置的准确性。这就是零件装配的三个基本条件，即定位、夹紧和测量。

（1）定位就是确定零件在空间的位置或零件间的相对位置。

（2）夹紧就是借助通用或专用夹具的外力将已定位的零件加以固定，保持其正确的位置，直到装配完成或焊接结束。

（3）测量是指在装配过程中，对零件间的相对位置和各部件尺寸进行的一系列技术测量，从而鉴定零件定位的正确性和夹紧力的效果，以便调整。

上述三个基本条件相辅相成、缺一不可。定位是最基本的要求，没有定位，零件就不能到达正确的位置，加工出来的构件尺寸也就不可能正确；没有夹紧，正确定位的零件不能保持其正确性，在随后的装配和焊接过程中位置会发生改变；而没有测量，无法判断定位和夹紧的正确性，难以保证构件的装配质量。

二、装配基准的选择

（一）基准的概念

基准又称基面或基准面，它是一些点、线、面的组合，用来决定同一零件的另外一些点、线、面的位置（对加工而言）或其他零件的位置。根据用途不同，基准分为设计基准和工艺基准两大类。

1. 设计基准

设计基准是按照产品的不同特点和产品在使用中的具体要求所选定的点、线、面，其他的点、线、面都是根据设计基准来确定的。

2. 工艺基准

工艺基准也称为生产基准，它是指工件在加工制造过程中应用的基准。工艺基准仅在制造零件和装配等过程中才起作用，它与设计基准可以重合，也可以不重合。装配常用的工艺基准有原始基准、测量基准、定位基准、检查基准和辅助基准等。

（1）原始基准。原始基准是加工或划线等最初度量尺寸的依据。例如，零件的毛边不太平直时，仅用毛边作为划线的原始基准，当划线使基准被确定后，原始基准就不作为主要基准。

(2) 测量基准。在加工装配过程中检查零件位置或工艺尺寸所依据的点、线、面称为测量基准。

(3) 定位基准。工件在夹具或平台上定位时，用来确定工件位置的点、线、面称为定位基准。

(4) 检查基准。检查工件几何形状或尺寸时所用到的点、线、面称为检查基准。

(5) 辅助基准。当工件上的点、线、面不能直接用于测量、检查时，而需要另设起过渡作用的点、线、面为基准，这些基准称为辅助基准。

（二）装配基准面的选择原则

工件和装配平台（或夹具）相接触的面称为装配基准面，装配基准面应按下列原则进行选择。

(1) 工件的外形有平面也有曲面时，应以平面作为装配基准面。

(2) 在工件上有若干个平面的情况下，应选择较大的平面作为装配基准面。

(3) 根据工件的用途，选择最重要的面（如经过机械加工的面）作为装配基准面。

(4) 选择的装配基准面要使装配过程中便于工件的定位和夹紧。

三、零件的定位原理及方法

（一）零件的定位原理

零件在空间的定位是利用"六点定位准则"进行的，即限制每个零件在空间的六个自由度，使零件在空间有确定的位置，这些限制自由度的点就是定位点。在实际装配中，可以由定位销、定位块和挡铁等定位元件作为定位点；也可以利用装配平台或工件表面上的平面、边棱等作为定位点；还可以设计成胎架模板形成的平面或曲面代替定位点；有时在装配平台或工件表面划出定位线起定位的作用。

（二）定位基准的选择

合理地选择定位基准，对于保证装配质量、安排零部件装配顺序和提高装配效率均有重要影响。选择定位基准时，应着重考虑以下几点：

(1) 定位基准尽量与设计基准重合，这样可以减少基准不重合所带来的误差。例如，各种支承面往往是设计基准，可将它作为定位基准；各种有公差要求的尺寸，如孔心距等也可作为定位基准。

(2) 同一构件上与其他构件有连接或配合关系的各个零件应尽量采用同一定位基准，这样能保证构件安装时与其他构件的正确连接和配合。

(3) 应选择精度较高且不易变形的零件表面或边棱作定位基准，这样能够避免基准面、线的变形造成的定位误差。

(4) 所选择的定位基准应便于装配中零件的定位与测量。

(三）零件的定位方法

在焊接生产中，应根据零件的具体情况选取零件的定位和装配方法。常用的定位方法有划线定位、销轴定位、挡铁定位和样板定位等。

（1）划线定位。划线定位就是在平台上或零件上划线，按线装配零件，通常用于简单的单件小批量装配或总装时的部分较小零件的装配。

（2）销轴定位。销轴定位是利用零件上的孔进行定位。由于孔和销轴的精度较高，定位比较准确，因此如果条件允许，可以钻出专门用于销轴定位的工艺孔。

（3）挡铁定位。挡铁定位应用广泛，可以利用小块钢板或小块型钢作为挡铁，取材方便；也可以使用经机械加工后的挡铁，以提高精度。挡铁的安置要保证构件重点部位（点、线、面）的尺寸精度，也要便于零件的装拆。

（4）样板定位。样板定位是利用样板来确定零件的位置、角度等的定位方法，常用于钢板之间的角度测量定位和容器上各种管口的安装定位。

（四）装配中的定位焊

定位焊又称点固焊，用来固定各焊接零件之间的相互位置，以保证整体结构件得到正确的几何形状和尺寸。进行定位焊时应注意以下内容：

（1）定位焊缝的引弧和熄弧处应圆滑过渡，否则，在焊正式焊缝时在该处易造成未焊透、夹渣等缺陷；定位焊缝有未焊透、夹渣、裂纹、气孔等焊接缺陷时，应铲掉并重新焊接，不允许留在焊缝内。

（2）需预热的焊件在定位焊时也应进行预热，预热温度与焊接时相同。

（3）由于定位焊为断续焊，工件温度较低、热量不足，容易未焊透，故定位焊缝的焊接电流应比焊接正式焊缝时大 10%～15%。

（4）在焊缝交叉处和焊缝方向急剧变化处不要进行定位焊，而应离开 50 mm 左右。

（5）对于强行装配的结构，因定位焊缝承受较大的外力，故应根据具体情况适当加大定位焊缝长度，间距适当缩小，必要时采用碱性低氢焊条，而且特别注意定位焊后应尽快进行焊接，避免中途停顿和间隔时间过长。

四、装配中的测量

测量是检验定位质量的工序。装配中的测量要求包括正确、合理地选择测量基准，准确地完成零件定位所需要的测量操作。在焊接结构生产中，常见的测量项目有线性尺寸、平行度、垂直度、同轴度及角度等的测量。

（一）测量基准

为保证测量的准确性，减小因测量带来的误差，首先应正确选择测量基准。一般情况下，多以定位基准作为测量基准。当以定位基准作为测量基准不利于保证测量的精度或不便于测量操作时，就应本着能使测量准确、操作方便的原则，重新选择合适的点、线、面作为测量基准。

如图3-1所示的容器，其三个管接口Ⅰ、Ⅱ、Ⅲ是以 M 面为设计、定位基准的，因此，量尺寸 h_1、h_2 和 H_2 时就应该选择 M 面作为测量基准，这样可以使三个基准合一，从而有效地减小装配误差。

如图3-2所示的工字梁，要测量腹板与翼板的垂直度，直接测量既不方便，精度也低。这时以装配平台作为测量基准，测量两翼板与平台的垂直度和腹板与平台的平行度，就会使精度提高，测量也方便。

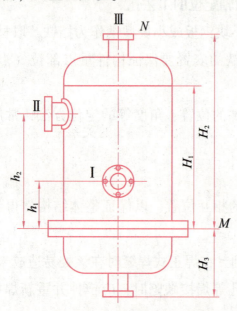

图3-1 容器上各接口的相对位置

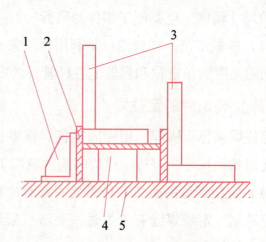

图3-2 间接测量的方法

1—定位支架；2—工字梁；3—90°直角尺；
4—定位垫块；5—装配平台

（二）各种项目的测量方法

1. 线性尺寸的测量

线性尺寸是指工件上被测点、线、面与测量基准间的距离。其测量主要利用标尺（卷尺、盘尺、直尺等）来完成，特殊场合利用激光测距仪来完成。

2. 平行度的测量

平行度的测量主要有下列两个测量项目：

（1）相对平行度的测量。相对平行度是指工件上被测的线（或面）相对于测量基准线（或面）的平行度。相对平行度的测量是通过线性尺寸测量来进行的。其原理是测量工件上被测线（面）的两点（面上的三点）到基准线（面）的距离，若相等就平行，否则不平行。但在实际测量中，为减小测量误差应注意测量的点多一些，以避免工件不直带来的误差；测量工具应垂直于基准；直接测量不方便时，进行间接测量。

（2）水平度的测量。容器里的液体（如水），在静止状态下其表面总是处于与重力作用方向相垂直的位置，这种位置称为水平。水平度用于衡量零件上被测的线（或面）是否处于水平位置。许多金属结构件制品在使用中要求有良好的水平度。例如，桥式起重机的运行轨道就需要良好的水平度，否则将不利于起重机在运行中的控制，甚至引起事故。

施工装配中常用水平尺、软管水平仪、水准仪、经纬仪等量具或仪器来测量零件的水平度。

3. 垂直度的测量

垂直度的测量主要有下列两个测量项目。

（1）相对垂直度的测量。相对垂直度是指工件上被测的直线（或面）相对于测量基准线（或面）的垂直程度。相对垂直度是装配中极常见的测量项目，并且很多产品对其有严格的要求。例如，高压电线塔等呈棱锥形的结构往往由多节组成。装配时，技术要求的重点是每节两端面与中心线垂直。只有每节的垂直度符合要求之后，才有可能保证总体安装的垂直度。

尺寸较小的工件可以利用 90°角尺直接测量；当工件尺寸很大时，可以采用辅助线测量法，即辅助线测量直角三角形斜边长。例如，两直角边长为 1 000 mm，斜边长应为 1 414.2 mm。另外，也可用直角三角形直角边与斜边之比值为 3∶4∶5 的关系来测定。

对于一些桁架类结构上某些部位的垂直度难以测量时，可采用间接测量法测量。

（2）铅垂度的测量。铅垂度的测量是测定工件上的线或面是否与水平面垂直。常用吊线锤或经纬仪测量。采用吊线锤时，将线锤吊线拴在支杆上（临时点焊上的小钢板或利用其他零件），测量工件与吊线之间的距离来测铅垂度。当结构尺寸较大而且铅垂度要求较高时，常采用经纬仪来测量铅垂度。

4. 同轴度的测量

同轴度是指工件上具有同一轴线的几个零件，装配时其轴线的重合程度。测量同轴度的方法很多，这里介绍一种常用的测量方法。

图 3-3 所示是三节圆筒组成的筒体，测量它的同轴度时，可先在各节圆筒的端面安上临时支撑，在支撑中间找出圆心位置并钻出直径为 20~30 mm 的小孔，然后由两外端面中心拉一细钢丝，使其从各支撑孔中通过，观测钢丝是否处于孔中间，以测量其同轴度。

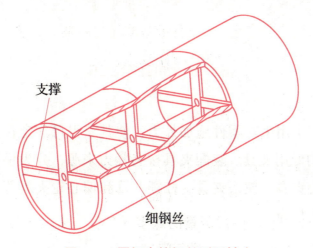

图 3-3 圆桶内拉钢丝测同轴度

5. 角度的测量

装配中，通常利用各种角度样板来测量零件间的角度，如图 3-4 所示。

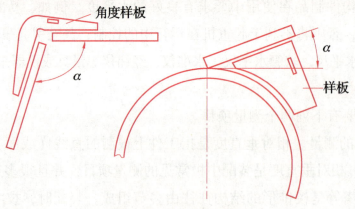

图 3-4 角度的测量

装配测量除上述常用项目外,还有斜度、挠度和平面度等一些测量项目。需要强调的是,量具的精度及可靠性是保证测量结果准确的决定因素之一,因此在使用和保管中,应注意保护量具不受损坏,并经常定期检验其精度。

五、装配工具、量具、夹具及设备

(一)装配工具、量具和夹具

1. 装配工具及量具

常用的装配工具有锤子、錾子、手砂轮、撬杠、扳手及各种划线用的工具等。常用的量具有钢卷尺、钢直尺、水平尺、90°角尺、线锤及各种检验零件定位情况的样板等。图 3-5 所示为常用的装配工具。

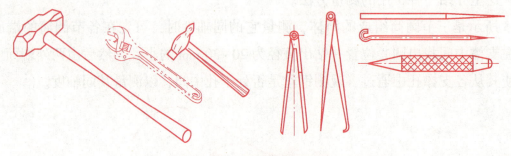

图 3-5 常用的装配工具

2. 装配夹具

装配夹具是指在装配中用来对零件施加外力,使其获得可靠定位的工艺装备,主要包括通用夹具和装配胎架上的专用夹具。装配夹具按夹紧力来源,分为手动夹具和非手动夹具两大类。手动夹具包括螺旋夹具、楔条夹具、杠杆夹具和偏心轮夹具等;非手动夹具包括气动夹具、液压夹具和磁力夹具等。

(二)装配设备

1. 对装配设备的一般要求

装配设备有平台、转胎和专用胎架等,对装配设备的一般要求如下:

（1）为了保证装配后产品的尺寸精度，装配平台或胎架应具备足够的强度和刚度。

（2）平台或胎架表面应光滑平整，要求水平放置。

（3）尺寸较大的装配胎架应安置在相当坚固的基础上，以免基础下沉导致胎具变形。

（4）胎架应便于对工件进行装、卸、定位焊、焊接等操作。

（5）设备构造简单，使用方便，成本要低。

2. 装配平台

（1）铸铁平台。它是由许多块铸铁组成的，结构坚固，工作表面进行机械加工，平面度比较高，面上具有许多孔洞，便于安装夹具，常用于工件装配及对钢板和型钢的热加工弯曲。

（2）钢结构平台。这种平台是由型钢和厚钢板焊制而成的。它的上表面一般不经过切削加工，所以平面度较差，常用于制作大型焊接结构或制作桁架结构。

（3）导轨平台。这种平台是由安装在水泥基础上的许多导轨组成的，每条导轨的上表面都经过切削加工，并有紧固工件用的螺栓沟槽。这种平台用于制作大型结构件。

（4）水泥平台。它是由水泥浇注而成的一种简易而又适用于大面积工作的平台。浇注前在一定的部位预埋拉桩、拉环，以便装配时用来固定工件。在水泥平台放置交叉形扁钢，扁钢面与水泥面平齐，作为导电板或用于固定工件。这种水泥平台可以拼接钢板、框架和构件，又可以安装胎架进行较大部件的装配。

（5）电磁平台。它是由平台（型钢或钢板焊成）和电磁铁组成的。电磁铁能将型钢吸紧固定在平台上，焊接时可以减少变形。充气软管和焊剂的作用是组成焊剂垫，用于埋弧焊时，可防止漏渣和铁液下淌。

3. 胎架

胎架又称模架，在工件结构不适合以装配平台作支承（如船舶、机车车辆底架、飞机和各种容器结构等）或者在批量生产时，就需要制造胎架来支承工件进行装配。胎架常用于某些形状比较复杂，要求精度较高的结构件。它的主要优点是利用夹具对各个零件进行方便而精确的定位。有些胎架还可以设计成能够翻转的，可把工件翻转到适合焊接的位置。利用胎架进行装配，既可以提高装配精度，又可以提高装配速度。但由于投资较大，故多为某种批量较大的专用产品设计制造，适用于流水线或批量生产。

六、装配方法的分类

（一）按照装配过程的机械化程度分类

按装配过程的机械化程度，装配方法可分为手工装配法、机械装配法和自动装配法三种。

1. 手工装配法

手工装配法是采用简单的工具、夹具、量具、样板、定位器、划线工具、拉撑和顶升工具，以及起吊机械等，以手工方法将零件就位、对准和固定。装配圆筒形焊件时，通常采用装配滚轮架作为辅助装配机械。

对于形状复杂且装配精度要求较高的焊件，通常在专用的装配平台上先按图样划线放样，然后将形状不同的零件组对定位。

在批量生产中，为提高效率，可利用样板和定位器，将零件或组件在专用的装配夹具或装焊夹具中组装，对于焊件的就位、对准、压紧、固定则仍以手工操作为主。

2. 机械装配法

机械装配法是将待装配的坯料或零件，由机械传送装置或起吊设备送至专用自动装配夹具或装焊机械进行自动组对；夹紧、定位及用定位焊缝固定；转入下道工序，组装过程按规定的程序，由机械操作完成。

机械装配法具有组装精度高、生产率高和劳动强度低等优点。目前，在工业生产中已逐步推广应用。其主要缺点是设备占地面积较大，设备一次投资费用较高。此方法适用于批量生产和自动流水线生产。

3. 自动装配法

自动装配法是将待组装的零件通过传送带运至组装夹具部位，由机械手或搬运机器人按预编程序，依次将各零件在装配夹具上就位，随即气动夹钳按接触传感器发出的指令将零件夹紧定位。若零件尺寸较大或焊缝较长，由焊接机器人以定位焊缝定位。所有零件组装完成后转入焊接工位。装配的全过程都由各种机械自动快速完成，无须人工干预，效率相当高，适用于形状相对简单部件的自动焊接生产线大批量的生产。

（二）按照焊接结构的装配、焊接次序分类

按照焊接结构的装配、焊接次序，装配方法可分为整装整焊装配法、随装随焊装配法和分部件装配法三种。

1. 整装整焊装配法

整装整焊装配法：将全部零件按图样要求装配起来，然后转入焊接工序，焊完全部焊缝。这种装配焊接顺序要求装配工人与焊接工人分别在自己的工位上完成，可实行流水作业，停工损失很小。装配可采用装配胎具进行，焊接可采用滚轮架、变位机等工艺装备和先进的焊接方法，有利于提高装配—焊接质量。这种方法适用于结构简单、零件数量少、大批量生产条件。

2. 随装随焊装配法

随装随焊装配法：先将若干个零件组装起来，随之焊接相应的焊缝，然后装配若干个零件，再进行焊接，直至全部零件装完并焊完，成为符合要求的构件。这种方法是装配工人与焊接工人在一个工位上交替作业，影响生产效率，也不利于采用先进的工艺装备和工艺方法，因此仅适用于单件小批量和复杂结构的生产。

3. 分部件装配法

分部件装配法：将整体结构分解成若干个部件，先由零件装配成部件，再由部件装配成结构件，最后把装配好的结构件总装焊成整个产品结构。这种方法适合批量生产，可实行流

水作业，几个部件可同步进行，有利于应用各种先进工艺装备、控制焊接变形和采用先进的焊接工艺方法。因此，这种装配焊接顺序适用于可分解成若干个部件的复杂结构，如机车车辆底架、船体结构等。

分部件装配法是一种先进的装配方法，但必须周密筹划，按具体的结构特点合理地划分部件，制订正确的装配流程，并考虑工厂现有的工艺装备和起吊能力。

(三) 按照不同产品和生产类型分类

按照不同产品和生产类型，装配方法可分为互换法、选配法和修配法。

1. 互换法

互换法的实质是用控制零件的加工误差来保证装配精度。这种装配法零件是完全可以互换的，装配过程简单，生产率高，对装配工人的技术水平要求不高，便于组织流水作业，但要求零件的加工精度较高。此方法适用于批量及大量生产。

2. 选配法

选配法是指在零件加工时为降低成本而放宽零件加工的公差带，故零件精度不是很高。装配时需挑选合适的零件进行装配，以保证规定的装配精度要求。这种方法对零件的加工工艺要求放宽，便于零件加工，但装配时工人要对零件进行挑选，增加了装配工时和难度。

3. 修配法

修配法是指零件预留修配余量，在装配过程中修去部分多余的材料，使装配精度满足技术要求。此法零件的制作精度可放得较宽，但增加了手工装配的工作量，而且装配质量取决于工人的技术水平。

在选择装配工艺方法时，应根据生产类型和产品种类等方面来考虑。一般单件、小批量生产或重型焊接结构生产常以修配法为主，互换件的比例少，工艺灵活性大，工序较为集中，大多使用通用工艺装备；成批生产或一般焊接结构，主要采用互换法，也可灵活采用选配法和修配法，工艺划分应以生产类型为依据，使用通用或专用工艺装备，可组织流水作业生产。

七、装配前的准备

装配前的准备工作是装配工艺的重要组成部分。充分、细致的准备工作，是高质量高效率完成装配工作的有力保证。

(一) 熟悉产品图样和工艺规程

要清楚各部件之间的关系和连接方法，并根据工艺规程选择好装配基准和装配方法。

(二) 装配现场和装配设备的选择

依据产品的大小和结构的复杂程度选择和安置装配平台和装配胎架。装配工作场地应尽量设置在起重设备工作区间内，对场地周围进行必要清理，使之场地平整、清洁，人行道畅通。

（三）工量具的准备

装配中常用的工、量、夹具和各种专用吊具，都必须配齐并组织到场。此外，根据装配需要配置的其他设备，如焊机、气割设备、钳工工作台和风砂轮等，也必须安置在规定的场所。

（四）零、部件的预检和除锈

产品装配前，对于从上道工序转来或从零件库中领取的零、部件都要进行核对和检查，以便于装配工作的顺利进行。同时，对零、部件连接处的表面进行去毛刺、除锈垢等清理工作。

（五）适当划分部件

对于比较复杂的结构，往往是部件装焊之后再进行总装，这样既可以提高装配—焊接质量，又可以提高生产效率，还可以减小焊接变形。为此，应将产品划分为若干部件。

八、零件的装配方法

焊接结构生产中应用的装配方法很多，根据零件定位方法的不同，装配方法可分为以下几种。

（一）划线定位装配法

划线定位装配法利用在零件表面或装配平台表面划出的工件中心线、接合线、轮廓线等作为定位线，来确定零件间的相互位置，用定位焊固定后进行装配。

如图 3-6（a）所示，以划在工件底板上的中心线和接合线作为定位基准，来确定槽钢、立板和三角形加强肋的位置；如图 3-6（b）所示，利用大圆筒盖板上的中心线和小圆筒上的等分线（也常称其为中心线）来确定两者的相对位置。

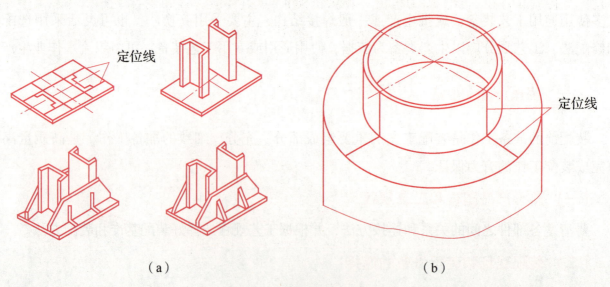

图 3-6　划线定位装配法

图 3-7 所示为钢屋架的划线定位装配。先在装配平台上按 1∶1 的实际尺寸划出屋架零的位置线和结合线（称地样）[图 3-7（a）]，然后依照地样将零件组合起来[图 3-7（b）]，

此装配方法又称地样装配法。

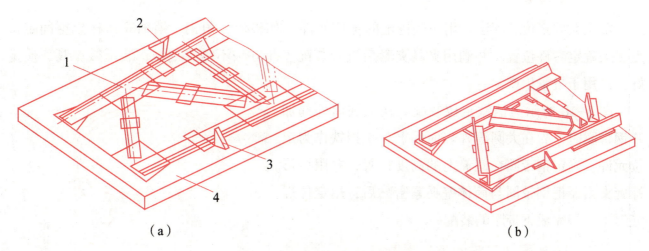

图 3-7　钢屋架的划线定位装配

(a) 装配前；(b) 装配后

1—图样；2，3—挡铁；4—平台

（二）样板定位装配法

样板定位装配法：利用样板来确定零件间的相对位置，夹紧并进行定位焊点，完成装配的方法，常用于钢板与钢板之间的角度装配和容器上各种管口的安装。

图 3-8 所示为斜 T 形结构的样板定位装配，根据斜 T 形结构立板的斜度，预先制作样板，装配时在立板与平板接合线位置确定后，再用样板去确定立板的倾斜度，使其得到准确定位后实施定位焊。

断面形状对称的结构，如钢屋架、梁和柱等结构可采用样板定位的特殊形式——仿形复制法进行装配。图 3-9 所示为钢屋架仿形复制装配，将用"地样装配法"装配好的半片屋架吊起，翻转后放置在平台上作为样板（称为仿模），在其相应位置放置对应的节点板和各种杆件，用夹具卡紧后实施定位焊，便复制出与仿模对称的另一半片屋架。这样连续地复制装配出一批屋架后，即可组成完整的钢屋架。

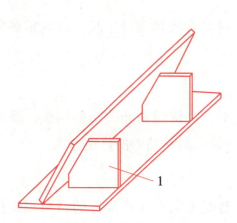

图 3-8　斜 T 形结构的样板定位装配

1—样板

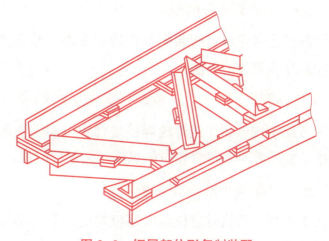

图 3-9　钢屋架仿形复制装配

(三) 定位元件定位装配法

定位元件定位装配法：用一些特定的定位元件（如板块、角钢、销轴等）构成空间定位点，来确定零件位置，并利用夹具夹紧后进行装配。此方法不需要划线，装配效率高，质量好，适用于批量生产。

图 3-10 所示为挡铁定位装配。在大圆筒外部加装钢带圈时，先在大圆筒外表面焊上若干挡铁作为定位元件，确定钢带圈在圆筒上的高度位置，并用弓形螺旋夹紧器把钢带圈与筒体壁夹紧密贴后，用定位焊缝焊牢，即完成钢带圈的装配。

(四) 胎夹具（又称胎架）装配法

对于批量生产的焊接结构，当装配的零件数量较多，内部结构又不是很复杂时，可将装配用的定位元件、夹紧元件和装配胎架三者组合为一个整体，构成装配胎架。

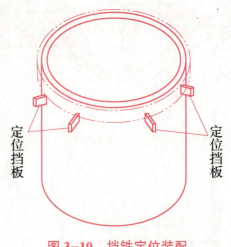

图 3-10 挡铁定位装配

九、装配工艺卡的编制

对于承受动载、重载和受压等重要焊接结构，为保证各部件和整体结构和装配质量，应当编制相应的部件装配工艺卡和总装工艺卡，并应包括如下主要内容。

(一) 装配前的检查

装配前必须按施工图样，检查所装配的各零件尺寸是否符合图样的规定。

(二) 装配工艺过程

在装配工艺卡中，应注明拟采用的装配工夹具，装配机械的名称、规格和编号。

(三) 装配工艺卡的规范

装配工艺卡应规定所装配部件的基准面、基准线、测量方法和测量工具，应规定各零件的装配顺序和定位的方法。

(四) 编制工艺卡时应考虑可能发生的焊接变形

应考虑定位焊和连接焊缝焊接过程中可能发生的变形，并规定防止变形的措施。要检查接缝的装配间隙是否符合相应的焊接工艺规程的规定，并给出局部超差的修正办法。

(五) 考虑采用临时定位板

对于必须采用临时定位板以定位焊缝的装配部件，装配工艺卡应按焊件的材料规定拆除定位板的方法和检查程序。

（六）编制大型设备安装现场的装配工艺卡

第一类大型设备是在制造厂内分部件装配焊接合格后，运至安装现场总装，应着重保证各部件图样要求的连接尺寸，并提出相应的工艺措施和检查程序；另一种大型设备是以组件出厂，运至安装现场逐件装配成整体结构，为保证现场安装质量，应将各零件编号，并在制造厂内试装，检查合格后再运至安装现场，编制试装工艺卡，并规定检查要求和程序。

十、装配中的安全技术

目前，我国只有少数专业化程度较高的工厂采用或部分采用了机械化装配作业，而大多数工厂仍用手工工具和简单的装配夹具进行装配，在装配过程中还需要与管工、焊工协同作业。因此，在装配时不仅存在机械性损伤、高空坠落、大件倾倒压伤等不安全因素，同时还存在噪声污染、弧光辐射和焊接烟尘等不卫生因素。所以，在装配作业时应注意以下几点：

（1）工作前检查各种锤有无卷边、伤痕，锤柄应坚韧、无裂纹，锤柄与锤头连接处应加铁楔。

（2）打大锤不准戴手套，严禁两人同时击打。

（3）不得用手指示意锤击处，应用小锤或棒尖指点。

（4）使用千斤顶时应垫平放稳，不准超负荷使用。

（5）使用起重机进行机械吊装时，要有专人指挥，必须轻举慢落，工件到位后必须用定位焊焊牢，然后才能松钩。

（6）登高装配作业时，要有坚固的脚手架或梯子，操作者必须扎好安全带，工具只准放在工具袋内。

（7）在多人装配作业时，应注意相互配合，确保安全。

（8）装配时，应与焊工配合默契，注意弧光打眼和热工件烫伤。

（9）要防止工件压坏电缆线造成触电事故。

（10）禁止在吊起的工件及翻转的工件上进行锤击矫正，防止工件脱落。

（11）在使用手提式砂轮机时，必须有防护罩，操作者应站在砂轮回转方向的侧面。

（12）在大型工件或容器内部作业时，要有安全行灯。操作人员必须穿戴好规定的防护用品，以防触电及机械损伤事故的发生。

十一、典型焊接结构的装配

（一）钢板的拼接

由于轧制钢板的宽度多数为 1.25 m，一般不超过 1.7 m，当宽度超过轧制宽度时，就需要进行钢板的拼接。图 3-11 所示为厚板拼接的一般方法。先将各板按拼接位置排列在平台上，然后对齐、压紧。如果某些板因变形在对接处出现高低不平，可用压马调平后立即进行定位焊。为保证拼接质量，焊缝两端应设引弧板，定位焊点应离开焊缝交叉处和焊缝边缘。

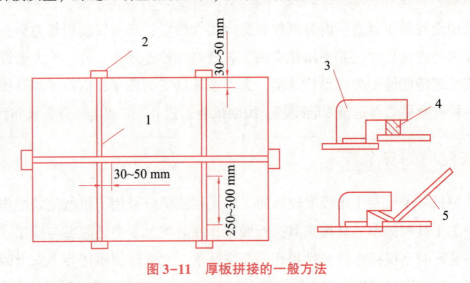

图 3-11　厚板拼接的一般方法

1—定位焊位置；2—引弧板；3—压马；4—铁楔；5—橇杠

（二）T 形梁的装配

T 形梁由翼板和腹板两个零件构成，结构简单。根据批量不同，可以采用下列两种装配方法。

1. 划线定位装配法

这种方法常在小批量或单件生产时采用。如图 3-12 所示，先将腹板和翼板矫平、调直，然后在翼板上画出腹板定位线，并打上样冲眼。将腹板按位置线立在翼板上，用 90°角尺校对两板相对垂直度，然后进行定位焊，再检查、调正。最后点上几根拉肋，以防止焊接变形。

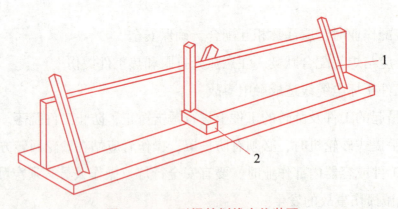

图 3-12　T 形梁的划线定位装配

1—拉肋；2—90°角尺

2. 胎夹具装配法

成批量装配 T 形梁时，采用简单胎夹具。不用划线，将腹板立在翼板上，端面对齐，以压紧螺栓的支座为定位元件来确定其在翼板上的位置，并用水平压紧螺栓和垂直压紧螺栓分别从两个方向将腹板与翼板夹紧，然后在接缝处进行定位焊。若焊接也在该胎具上进行，则可以不点拉肋，否则也应点拉肋。

(三) 圆筒节的对接装配

圆筒节对接装配的要点在于保证对接环缝和两节圆筒的同轴度误差符合技术要求。为使两节圆筒易于获得同轴度和便于在装配过程中翻转，装配前应分别对两个圆筒节进行矫正，使其圆度符合技术要求。对于大直径薄壁圆筒体的装配，为防止筒体变形可以在筒体内使用径向推撑器撑圆，如图 3-13 所示。

图 3-13 用径向推撑器装配筒体

1. 筒体的卧装

筒体卧装主要用于直径较小、长度较长的筒体装配，装配时需要借助装配胎架。图 3-14（a）和图 3-14（b）所示为筒体在滚轮架和辊筒架上的装配。筒体直径很小时，也可以在槽钢或型钢架上进行，如图 3-14（c）所示。

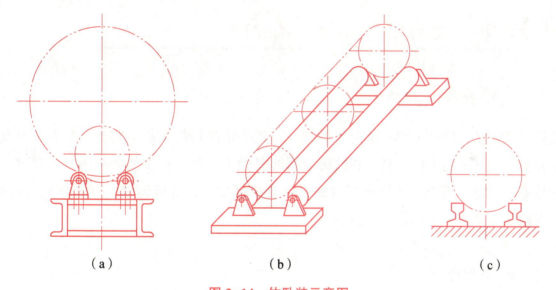

（a）　　　　　　　　　（b）　　　　　　　　　（c）

图 3-14 体卧装示意图

(a) 在滚轮架上装配；(b) 在辊筒架上装配；(c) 在槽钢上装配

2. 筒体的立装

为防止筒体因自重而产生椭圆变形，直径较大、长度较短的筒节拼装多采用立装。立装时可采用图 3-15 所示的方法：先将一节圆筒放在平台（或水平基础）上，找好水平，在靠近上口处焊上若干个螺旋压马；然后将另一节圆筒吊上，用螺旋压马和焊在两节圆筒上的若干个螺旋拉紧器拉紧，进行初步定位；最后检验两节圆筒的同轴度并找正，检查环缝接口情况，并对其调正合格后进行定位焊。

当有多节筒体时，可采用倒装法。其方法是先装顶部两筒节，使其成为一个整体，再将其提升或顶升到比第三节高一点的位置，并从下面放好第三节筒体进行装配，以此类推装完各节。倒装法的优点在于可以省去高大的起升设备，同时焊缝位置总处于较低的位置，不但便于施焊而且可省去高大的脚手架。

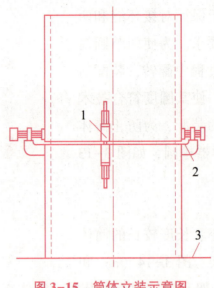

图 3-15 筒体立装示意图
1—螺旋拉紧器；2—螺旋压马；3—平台

任务分析 设备拆卸与装配工艺分析

一、拆卸前的准备

任何机械设备，修理前都不能急于拆卸。首先必须进行拆前静态与动态检查，以及诊断，为故障分析提供尽可能多的资料。在故障分析的基础上，制订初步的修理项目和修理方案后，才能进行零件拆卸。否则，盲目进行拆卸，只会事倍功半，造成返修，甚至导致设备精度下降，或者损坏零部件，引起新的故障发生。

1. 分析设备的损坏情况

1）拆卸前的检查

通过检查机械设备静态与动态下的状态，弄清设备的精度丧失程度和机能损坏程度。

2）诊断运转

通过空载运转和负载运转，诊断机械设备使用中存在的重要问题。在诊断中应该结合操作者提供的情况反映、日常操作记录、检修零件更换表、事故分析和日常维修档案等进行重点故障诊断。

2. 制订修理方案

（1）根据故障诊断、故障分析及零部件的磨损情况，确定设备需要拆卸的部位及修理范围，确定设备需要更换的主要零部件，尤其是铸件、外协件及外购件。

（2）制订需要进行修理的主要零件的修理工艺。要求根据现有的条件，或者委托修理的实际条件制定出切实可行的修理方案，提出需要使用的工具与设备，估计修理后能达到的修复精度。

(3) 制订零部件的装配与调整工艺方案及要求。

(4) 根据设备的现状与修理条件，确定设备修复的质量标准。

3. 熟悉有关技术资料

(1) 读懂设备或零部件的装配图，熟悉零部件的构造及它们的连接与固定方式。

(2) 读懂设备的机械传动系统图、轴承的布置图。了解传动元件的用途及相互关系，了解轴承的型号及结构。

(3) 熟悉拆卸的操作规程，并要确定典型零部件、关键零部件的正确拆卸方法。

(4) 准备必要和专用的工具、设备。

二、拆卸的基本要求

机械设备拆卸时，应该按照与装配相反的顺序进行，一般是按从外部拆到内部；从上部拆到下部；先拆成部件或组件，再拆成零件的原则进行。另外，在拆卸时还必须注意以下事项：

1. 用手锤敲击拆卸时应注意的事项

(1) 要根据拆卸件的尺寸和质量、配合牢固程度，选用质量适当的手锤，用力也要适当。

(2) 必须对受击部位采取保护措施，不要用锤直接敲击零件。一般使用铜棒、胶木棒、木板等保护受击的轴端、套端。拆卸精密重要的零、部件时，还必须制作专业工具加以保护。

(3) 应选择合适的锤击点，以防止零件变形或破坏。

(4) 对严重锈蚀而难于拆卸的连接件，不要强行锤击，应加煤油浸润锈蚀部位。当略有松动时，再进行击卸。

2. 拉卸轴类零件时应注意的事项

(1) 拆卸前，应熟悉拆卸部位的装配图和有关技术资料，了解拆卸部位的结构和零件之间的配合情况。

(2) 拆卸前还应仔细检查轴和轴上的定位件、紧固件等是否已经完全拆除。

(3) 根据装配图确定轴的正确拆除方向。拆除方向一般是轴的小端、箱体孔的大端、花键轴的不通端。

(4) 在拉拔过程中，还要经常检查轴上零件是否被卡住而影响拆卸。

(5) 在拉卸轴的过程中，从轴上脱落下来的零件要设法接住，避免落下时零件损坏或砸坏别的零件。

三、常用的拆卸方法

1. 击卸法

击卸法是用锤击或撞击的力量，使配合的零部件产生位移的方法。

击卸法常用的工具有铁锤、铜锤、木槌及击卸大型零件的铁棒，钢、铝、木质的过渡垫块等。击卸法的工具材质要与被击卸零部件的材质相对应，关键是不能击坏被拆卸的零部件。对于配合间隙较小的零部件，拆卸时要特别注意对称、受力均匀。此外，击卸时要进行保护，如图3-16所示。

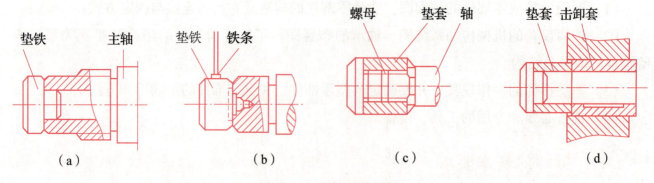

图3-16 击卸时的保护

(a) 保护主轴的垫铁；(b) 保护轴端的中心孔；(c) 保护轴端螺纹的垫套；(d) 保护轴套的垫套

2. 压卸法和拉卸法

压卸法和拉卸法是采用专用器具或设备进行拆卸的方法，多用于被拆零部件尺寸较大或过盈较大的部位。压卸法采用的设备有手动压床、油压机等。拉卸法（图3-17）一般采用拔销器、各种专用的拉力器等。压卸法或拉卸法有时必须使用过渡的轴和套。

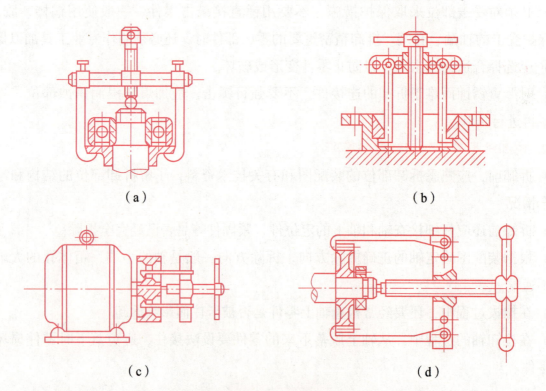

图3-17 拉卸法

(a) 用拉拔器拉出滚动轴承；(b) 用拉拔器拉卸滚动轴承外圈；(c) 用拉拔器拉卸皮带轮和齿轮、滚动轴承；(d) 用拉拔器拉卸皮带轮和齿轮、滚动轴承

3. 加热拆卸法

加热拆卸法是利用金属的热膨胀特性来拆卸零件。这种方法适用于不能压卸或拉卸的零

件或配合过盈量大于 0.1 mm 的零件。加热拆卸要注意的关键问题：加热温度不能过高，要根据零件的精度、形状、硬度、结构来确定。有硬度要求的不超过 200 ℃，有变形要求的不超过 120 ℃。有时还要对不应热膨胀的部位用石棉加以保护。

四、几种常用机械连接的拆卸

1. 键连接的拆卸

平键一般先用錾子冲击键的一端，然后铲出。配合较紧的键可在键上钻、攻螺孔。对于可以破坏的键，可在键上焊螺钉，然后用拔销器拔出，如图 3-18 所示的顶压法。楔键拆卸的关键是克服楔键两个接触面间的静摩擦力，所以需要撞击，可用锤子和冲子之类的过渡物猛击键的小端。钩头键可直接钩出，若不带钩且配合紧密，可在大端钻、攻螺孔，然后拔出。

图 3-18　顶压法

2. 销连接的拆卸

销连接的拆卸可用小于其直径的冲子冲出（锥销应冲小头）。带内螺纹的销可用拔销器或螺钉拔出。带外螺纹的销可与螺母一起打出，或加热后拔出。确实取不出的销可钻掉，但不允许破坏销孔。

3. 螺纹连接的拆卸

实际操作主要是对日久失修、生锈、损坏的不易拆卸的螺纹进行拆卸。

（1）用煤油浸润或使用化学螺纹松动剂使螺纹松动。

（2）用锤击螺钉或螺母的方法振松螺纹。

（3）若螺钉过紧或已损坏，或不宜加力旋出的螺钉，可采取以下方法：

①用錾子剔出螺钉。

②在螺钉上加焊螺钉或在螺钉上钻、攻螺孔，以增加附加旋转力。

③实在无法旋出的螺钉，可用比螺纹大径小 0.5~1 mm 的钻头钻除螺钉，再用丝锥取出，或用电火花去除螺钉，再用丝锥取出。

4. 拆卸的注意事项

（1）必须牢记设备的结构和零件的装配关系（必要时须画草图），以便拆卸修理后再装配时能有把握地进行。

（2）对于螺纹的旋向、零件的松开方向、大小头和厚薄端一定要辨别清楚。

（3）必须采用正确的拆卸方法，如在拆卸锥销时，只能从大端压出。不了解零件结构和固定方法就大力锤击，往往会造成零件的损坏。

（4）用击卸法冲击零件时，必须垫好软衬垫，或者用软材料（如紫铜）做的锤子或冲棒，以免损坏零件表面。特别保护好主要零件，不使其发生任何损坏。

（5）在拆卸经过平衡的旋转部件时，应注意尽量不破坏原来的平衡状态。

（6）拆下后的导管、润滑或冷却用的管道以及各种液压件等，在清洗后均应将进出口封好，以免灰尘及杂质侵入。

（7）起吊拆卸的零件时，应防止零件变形或发生人身事故。

五、装配工艺过程

产品的装配工艺过程一般由以下四个部分组成：

1. 装配前的准备工作

（1）研究和熟悉装配图及其工艺文件、技术资料，了解产品结构，各零部件的作用、相互关系及连接方法。

（2）确定装配方法，准备所需的工具及材料。

（3）对装配零件进行清理和洗涤，检查零件加工质量，对有些零件进行必要的平衡试验或压力试验。

2. 装配工作

对于比较复杂的产品，其装配工作常划为部件装配和总装配。

3. 调整、检验和试车

（1）调节零件的相互位置、配合间隙、结合面的松紧等，使机构或机器工作协调。

（2）检验机构或机器的工作精度、几何精度等。

（3）对机构或机器运转的灵活性、密封性、工作温度、转速、功率等技术要求进行检查。

4. 喷漆、涂油

喷漆具有防止非加工表面生锈，并可使产品的外观美观和提示作用（绿色——安全、红色——危险、黄色——警告），涂油则是防止加工表面生锈。

六、设备的装配前准备

1. 零件的清理

零件上残存的一切型砂、蚀锈、切屑、油漆、研磨剂、灰砂等都必须在装配前清理干净。对诸如箱体、机体内部在清洗后还应涂以淡色油漆。对于孔、沟槽及容易存留杂物的地方应仔细清理。

2. 部件的清理

轴承、精密配合件、液压元件、密封件及部件本身在装配时，因配钻、铰定位销孔、攻螺纹等加工所产生的切屑在进行总装之前必须清理干净。

3. 零件的清洗

零件清洗的方法有手工清洗和机器清洗两种。在工具制造中一般可将零件放在洗涤槽内进行手工清洗。清洗时使用的清洗液有汽油（工业汽油和航空汽油）、煤油、柴油和化学清洗液。

（1）工业汽油和航空汽油。工业汽油主要用于清洗油脂、污垢和一般黏附的杂质，适用于清洗较精密的零件。航空汽油适用于清洗质量要求高的零件。

（2）煤油和柴油。清洗范围与汽油相同，清洗能力比汽油低，清洗后挥发较慢，但比汽油安全。图3-19所示为用煤油清洗零件。

（3）化学清洗液。常用的化学清洗液有105清洗剂和6501清洗液，对油脂、水溶性污垢等具有特殊的清洗能力，常用于清洗钢件上以机油为主的油垢和杂质。化学清洗液稳定耐用、无毒、不易燃烧，使用安全且成本低廉。

图3-19　用煤油清洗零件

4. 清洗时注意事项

（1）对于橡胶制品宜用酒精或清洗剂清洗，不能用汽油清洗，以防发涨变形。

（2）清洗精密零件应根据其不同精密度等级选用棉纱、白布或泡沫塑料擦拭。滚动轴承不能用棉纱清洗，以防纱线绞进轴承内影响轴承装配质量。

（3）零件清洗后，若发现有碰伤、划伤、毛刺、螺纹损坏等情况，应用油石、刮刀、砂布、细锉刀等工具精整，但不应影响零件精度。精整后，应进行清洗。

（4）用汽油清洗时，特别注意火源或电源开关产生的火星引起失火、酿成事故。

（5）清洗后的零件，应等零件上的油滴干后再进行装配，以防油垢带入后影响装配质量。

七、零件的密封性试验

对于某些密封性要求较高的零件或部件，如气动和液压夹具的气缸和油缸、各种阀类、泵、管路等，要求它们在一定压力下工作时不能有漏气、漏油等泄漏现象，因此在装配前必须按技术要求进行密封性试验。

密封性试验常用的方法有气压法和液压法两种。

1. 气压法

气压法如图3-20所示，适用于对承受工作压力较小的零件进行试验。试验时，先将零件的各孔用塞头或压盖封闭，然后放入水中，并向工件内部通入规定压力的压缩空气，此时密封的零件在水箱中应该没有气泡冒出。当有渗漏时，可根据气泡密封度来判断零件是否符合技术要求。

2. 液压法

液压法如图3-21所示，适用于承受工作压力较大的零部件密封试验。对于容积较小的零件，可采用手动油泵进行油压试验。对于容积较大的零件，可采用机动油泵试验。图3-21所示就是对三位五通滑阀阀体进行的密封试验。试验前，两端装好密封圈和端盖，并用螺钉均匀紧固，各锥管接头用锥螺塞拧紧，在一处装上管接头，使之与油泵相连接，然后用手动油泵将油注入阀体内部，并使液体达到一定压力，仔细观察阀体内部各部分是否有泄漏、渗透等现象，既可判定阀体的密封性。

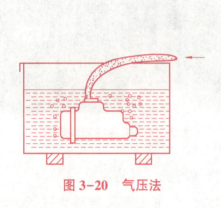

图 3-20　气压法

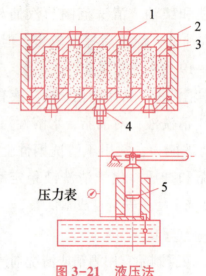

图 3-21　液压法

1—锥螺塞；2—端盘；3—密封圈；4—接头；5—手动油泵

八、旋转件的平衡

装配中，一些旋转零、部件（如带轮、曲轴、磨头轴）由于材料内部组织密度不均匀，外部形状不对称或加工有误差，高速旋转时，将因其质心和旋转中心的偏移产生很大的离心力，影响工装的正常使用，同时产生强烈的振动和噪声，从而使零件的寿命和装配精度降低，也影响工人的工作环境和身体健康，严重时还可能发生破坏事故。因此，对一些旋转零部件必须予以平衡，以消除偏重。

旋转零、部件因偏重而产生的不平衡形式有静不平衡和动不平衡。

（1）静不平衡。当零、部件的径向位置有偏重时称为静不平衡。

（2）动不平衡。当零、部件的径向位置有偏重，并且轴向位置上各个偏重之间有一定距离时，称为动不平衡。图 3-22 所示为动平衡机。

静平衡车轮的重心与旋转轴心在同一线上，停止转动时的位置是任意的；如果一个车轮每次停止转动时的位置都是相同的，则说明该车轮是静不平衡的。

动平衡是指车轮转动过程中所表现出的现象。由于质量相对车轮的对称面不对称，当车轮高速转动时就会左右摆动，这就是车轮动不平衡现象。

消除旋转零、部件不平衡的工作，称为平衡。这是装配前必须做的工作。

平衡分静平衡和动平衡两种。在工装制造中，常见的是静平衡。

图 3-22 动平衡机

任务生产 车床尾座的拆卸、装配任务

一、任务说明

任务说明如下：

（1）考核项目：车床尾座的拆卸与装配，图 3-23 所示为常见卧式车床的结构。

（2）考试时间：240 min。

（3）检验项目：精度检查。

（4）合格标准：60 分。

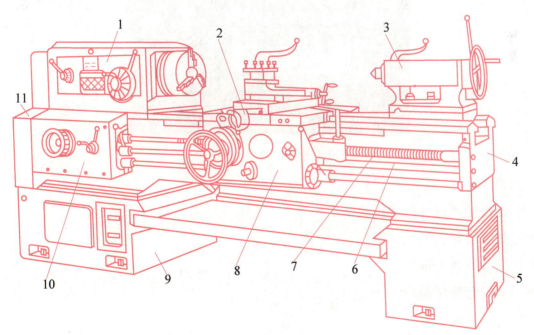

图 3-23 常见卧式车床的结构

1—主轴箱；2—刀架；3—尾座；4—床身；5，9—床腿；6—光杠；7—丝杠；
8—溜板箱；10—进给箱；11—交换齿轮变速箱

二、备料清单

备料清单如表 3-1 所示。

表 3-1 备料清单

序号	项目	名称	规格	数量	备注
1	设备准备	车床	CA6140	1台	
2	工具准备	内六角扳手、活动扳手、套筒扳手、螺丝刀、手锤等	—	1套	
5	附件	CA6140车床尾座附件	—	若干	可根据需要选择

三、任务内容

任务内容为车床尾座拆卸、装配：

(1) 任务设备：CA6140 车床尾座，如图 3-24 所示。

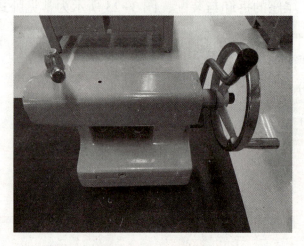

图 3-24 车床尾座

(2) 拆卸顺序：

①拆除尾座锁紧螺杆和限位块。

②拆除尾座与导轨的连接螺杆。

③把尾座从导轨上取出。

④拆卸滑动套筒定位块。

⑤拆卸滑动套筒。

(3) 装配顺序：

①以床身上尾座导轨为基准，配刮尾座底板，使其达到精度要求。

②将尾座部件装在床身上。安装时，将试配过的丝杠装上，盖上压盖并将螺钉孔和销孔装配完毕。套筒和尾座体要配合良好，以手能推入为宜。

③零件全部装好后，注入润滑油，运动部位的运动要轻快自如。

④尾座套筒的前端有一对压紧块，它与套筒有一抛物线状接触面，若接触面积低于70%，要用涂色法并用锉刀或刮刀修整，使其接触面符合要求。

⑤接触表面的表面粗糙度值要尽量低些，防止研伤套筒。

四、注意事项

注意事项如下：

（1）当发生事故时，应立即停止，再进行维修。

（2）机床在工作或检修时，工作场地周围要装上防护罩。

（3）对于拆不掉的部分不能敲打。

（4）拆卸的零件要有规律的放置，不要碰伤到。

任务检测　装配完成检测要求

装配是否满足要求，要通过检测才能判断。检测包含检验与测量。几何量的检测是指确定零件的几何参数是否在规定的极限范围内，并做出合格性判断，不一定得出被检测量具体数值。测量是将被测量的量与一个作为计量单位的标准量进行比较，以确定被测量具体数值的过程。

交流学习

复习思考题

1. 装配件的基本条件有哪些？各有何特点？
2. 装配基准的选择原则有哪些？
3. 简述车床尾座装配的一般步骤。

学习总结

本任务学习了焊接结构装配的知识。请学生总结本次任务学习的内容。

建议学习总结包含以下主要因素：

1. 你在本任务中学到了什么？
2. 你在团队共同学习的过程中，曾扮演过什么角色，对组长分配的任务你完成得怎么样？
3. 对自己的学习结果满意吗？如果不满意，那你还需要从哪几个方面努力？对接下来学习有何打算？
4. 学习过程中经验的记录与交流（组内）。
5. 你觉得这个任务哪里最有趣？哪里最无聊？

任务二　焊接结构的焊接

学习目标

知识目标
1. 了解焊接结构焊接工艺的基本知识；
2. 熟悉焊接结构焊接工艺的制订。

能力目标
1. 掌握焊接结构的焊接工艺；
2. 能够对给定的焊接结构进行正确焊接。

素质目标
1. 通过本任务的学习，强化职业道德素养；
2. 提高分析、解决实际问题的能力，养成一丝不苟的严谨作风；
3. 激发学生自主学习能力和热情。

知识储备　焊接结构的焊接

焊接是将已装配好的结构，用规定的焊接方法、焊接参数进行焊接加工，使各零、部件连接成一个牢固整体的工艺过程。制订合理的焊接工艺对保证产品质量，提高生产率，减轻劳动强度，降低生产成本非常重要。

一、焊接工艺制定的原则和内容

（一）焊接工艺制定的原则

焊接工艺制定的原则如下：
（1）获得满意的焊接接头，保证焊缝的外形尺寸和内部质量都达到技术条件的要求。
（2）焊接应力与变形应尽可能小，焊接后构件的变形量应在技术条件许可的范围内。
（3）焊缝可焊到性好，有良好的施焊位置，翻转次数少。
（4）当钢材淬硬倾向大时，应考虑采用预热、后热措施，防止焊接缺陷产生。
（5）有利于实现机械化、自动化生产，有利于采用先进的焊接工艺方法。
（6）有利于提高劳动生产率和降低成本。尽量使用高效率、低能耗的焊接方法。

(二)焊接工艺制定的内容

焊接工艺制定的内容如下：

（1）根据产品中各接头焊缝的特点，合理选择焊接方法及相应的焊接设备与焊接材料。

（2）合理选择焊接参数，如焊条电弧焊的焊条直径、焊接电流、电弧电压、焊接速度、施焊顺序和方向、焊道层数等。

（3）合理选择焊接材料中焊丝及焊剂牌号、气体保护焊的气体种类、气体流量、焊丝伸出长度等。

（4）合理选择焊接热参数，如预热、中间加热、后热及焊后热处理的参数（如加热温度、加热部位和范围、保温时间及冷却速度的要求等）。

（5）选择或设计合理的焊接工艺装备，如焊接胎具、焊接变位机、自动焊机的引导移动装置等。

二、焊接方法、材料及设备的选择

(一)焊接方法的选择

为了正确地选择焊接方法，必须了解各种焊接方法的生产特点及适用范围，同时考虑各种焊接方法对装配工作的要求、焊接质量及其稳定程度、经济性以及工人劳动条件等。

在成批或大量生产时，为降低生产成本，提高产品质量及经济效益，对于能够用多种焊接方法来生产的产品，应进行试验和经济比较，如材料、动力和工时消耗等，最后核算成本，选择最佳的焊接方法。

(二)焊接材料的选择

选择了最佳焊接方法后，即可根据所选焊接方法的工艺特点来确定焊接材料。确定焊接材料时，还必须考虑到焊缝的力学性能、化学成分，以及在高温、低温或腐蚀介质工作条件下的性能要求等。

(三)焊接设备的选择

焊接设备的选择取决于已选定的焊接方法和焊接材料，同时还要考虑焊接电流的种类、焊接设备的功率、工作条件等方面，使选用的设备能满足焊接工艺的要求。

三、焊接参数的选择

合理的焊接参数应有利于保证产品质量，提高生产率。焊接参数的选择主要考虑以下几方面：

（1）深入分析产品的材料及其结构形式，着重分析材料的化学成分和结构因素共同作用下的焊接性。

（2）考虑焊接热循环对母材和焊缝的热作用，这是获得合格产品使焊接接头焊接应力和变形最小的保证。

(3) 根据产品的材料、焊件厚度、焊接接头形式、焊缝的空间位置、接缝装配间隙等，查找各种焊接方法有关标准、资料。

(4) 通过试验确定焊缝的焊接顺序、焊接方向以及多层焊的熔敷顺序等。

(5) 参考现成的技术资料和成熟的焊接工艺。

(6) 不应忽视焊接操作者的实践经验。

焊接参数有一套成熟的数据，一般是依据母材材质、焊件厚度、接头形式、焊缝空间位置、接缝间隙等，通过焊接手册来选取或由操作者实践经验来确定。对于新材料则根据试验报告、工艺评定报告或有关资料来确定。

四、焊接热参数的确定

为保证焊接结构的性能与质量，防止裂纹产生，改善焊接接头的韧性，消除焊接应力，有些结构需进行加热处理。加热处理工序可处于焊接工序之前或之后，主要包括预热、后热及焊后热处理。

（一）预热

预热是焊前对焊件进行全部或局部加热，目的是减缓焊接接头加热时的温度梯度及冷却速度，适当延长在 800~500 ℃ 区间的冷却时间，从而减少或避免产生淬硬组织，有利于氢的逸出，可防止冷裂纹的产生。预热温度的高低，应根据钢材淬硬倾向的大小、冷却条件和结构刚性等因素，通过焊接性试验而定。钢材的淬硬倾向大、冷却速度快、结构刚性大，其预热温度要相应提高。

许多大型结构采用整体预热是困难的，甚至不可能，如大型球罐、管道等，因此常采用局部预热的办法，防止产生裂纹。

（二）后热

后热是在焊后立即对焊件全部（或局部）加热到 300~500 ℃ 并保温 1~2 h 后空冷的工艺措施，其目的是防止焊接区扩散氢的聚集，避免延迟裂纹的产生。

试验表明，选用合适的后热温度，可以使预热温度降低 50 ℃ 左右，在一定程度上改善了焊工劳动条件，也可代替一些重大产品所需要的焊接中间热处理，简化生产过程，提高生产率，降低成本。

对于焊后要立即进行热处理的焊件，因为在热处理过程中可以达到除氢的目的，故不需要另做后热处理。但是，焊后不能立即热处理而焊件又必须除氢时，则需焊后立即做后热处理，否则有可能使焊件在热处理前的放置期间内产生延迟裂纹。

（三）焊后热处理

焊接结构的焊后热处理是采用正火、回火等处理手段对焊件进行的热处理，其目的是改善焊接接头的组织和性能，消除残余应力，提高结构的几何稳定性。

实践证明，许多承受动载荷的结构焊后必须进行热处理，消除结构内的残余应力后才能保证其正常工作，如大型球磨机、挖掘机框架和压力机等。对于焊接的机器零件，用热处理方法来消除内应力尤为必要，否则，在机械加工之后发生变形，影响加工精度和几何尺寸，严重时会造成焊件报废。对于合金钢来说，只有经过焊后热处理改善其焊接接头的组织和性能，才能显现出材料性能的优越性。

一般来说，对于板厚不大，不承受动载荷，且用塑性较好的材料制造的结构，不需要进行焊后热处理。而对于板厚较大，承受动载荷的结构，其外形尺寸越大，焊缝又多又长，残余应力也越大，就需要焊后热处理。

焊后热处理最好是将焊件整体放入炉中加热至规定温度，如果焊件太大可采取局部或分部件加热处理，或在工艺上采取措施解决。消除残余应力的热处理，一般是将焊件加热到 500~650 ℃进行退火，在消除残余应力的同时，焊接接头的性能有一定的改善，但对焊接接头的组织无明显的影响。若要求焊接接头的组织细化、化学成分均匀，提高焊接接头的各种性能，对一些重要结构，常采用先正火随后立即回火的热处理方法，它既能起到改善接头组织和消除残余应力的作用，又能提高接头的韧性和疲劳强度，是生产中常用的一种热处理方法。预热、后热、焊后热处理的工艺参数主要由结构的材料、焊缝的化学成分、焊接方法、结构的刚度及应力情况、承受载荷的类型、焊接环境的温度等来确定。

五、焊接生产中的劳动保护

焊接过程中产生的有害因素严重危害着焊工及其他人员的健康与生命安全，同时也会给国家财产带来损失。在实际施工操作时，必须进行有效的防护。下面简单介绍几种常见焊接有害因素的危害与防护措施。

（一）触电

1. 焊接用电特点

用于焊接的电源需要满足一定的技术要求。不同的焊接方法，对其电源的电压、电流等参数要求各有不同。例如，电弧焊在引弧时需要供给较高的引弧电压；而当电弧稳定时，电压急剧下降到电弧电压。目前我国生产的电弧焊机，一般直流电焊机的空载电压为 55~90 V，交流电焊机的空载电压为 60~80 V。过高的空载电压，虽然有利于电弧稳定，但对焊工操作的安全不利，所以焊条电弧焊所用电焊机的空载电压应控制在 90 V 以下。一般电焊机的电弧电压为 25~40 V，焊接电流为 30~450 A。等离子弧焊要求电源的空载电压一般为 150~400 V，工作电压在 80 V 以上。氩弧焊机采用高频振荡器，用以电离气体介质，帮助引弧，从而使电源的空载电压只有 65 V。CO_2 气体保护焊电源的空载电压为 17~75 V，工作电压为 15~42 V，焊接电流为 200~500 A。

2. 安全用电技术

焊接工作前，应先检查焊机设备和工具是否安全，如焊机外壳的接地、焊机各接线点接触是否良好，焊接电缆的绝缘有无损坏等。

改变焊机机头、更换焊件需要改接二次回线、转移工作地点、更换熔断丝、焊机发生故障需要检修时，应切断电源开关才能进行。

推拉闸门开关时，必须戴皮手套。同时，焊工的头部需偏斜些，以防电弧火花灼伤脸部。

更换焊条时，焊工应戴绝缘手套。对于空载电压和工作电压较高的焊接操作（如等离子弧焊）以及在潮湿工作场地操作时，还应在工作台附近地面铺上橡胶垫。特别是在夏天，由于身体出汗后衣服潮湿，勿靠在焊件、工作台上，避免触电。

在容积小的舱室如油槽、气柜等化工设备，管道锅炉等金属结构，以及其他狭小工作场所焊接时，触电的危险性最大，必须采取专门的防护措施。可采用橡胶垫或其他绝缘衬垫，并戴皮手套、穿胶底鞋等，以保障焊工身体与焊件绝缘。不允许采用简易无绝缘壳的电焊钳。

电焊设备的安装、修理和检查需由电工进行，焊工不得自己拆修设备。

3. 触电急救

人体触电后会发生神经麻痹、呼吸中断、心脏停止跳动等症状，外表上则呈现昏迷不醒的状态，但不应认为是死亡，可能是假死，要立即抢救。触电者的生命是否能得救，在绝大多数情况下，取决于能否迅速脱离电源和救护是否得法。拖延时间、动作迟缓和救护方法不当，都可能造成触电者死亡。

（1）解脱电源。触电事故发生后，电流不断通过人体。为了使触电后能得到及时和正确的处理，以减少电流长时间对人体的刺激并能立即得到医务抢救，迅速解脱电源是救活触电者的首要因素。

（2）救治方法。触电者脱离电源后，要用人工呼吸和心脏按压的方法对其进行急救。人工呼吸是在触电者呼吸停止后采用的急救方法，心脏按压法是触电者心脏停止跳动后的急救方法。一旦呼吸和心脏跳动都停止了，应同时进行人工呼吸和心脏按压法，如果现场仅一个人救，两种方法应交替进行，每吹气2~3次，再按压10~15次。

（二）电弧辐射

1. 电弧辐射的危害

电弧辐射主要产生可见光、红外线和紫外线三种射线，而不会产生对人体危害较大的X射线。其中，波长在180~320 nm的紫外线，具有强烈的生物学作用，可以被皮肤深部真皮组织吸收，造成严重灼伤。

电弧辐射所发出的可见光线的光度，比人眼能正常承受的光线光度要强上万倍。这样强烈的可见光，将对视网膜产生烧灼，造成眩辉性视网膜炎。此时将感觉眼睛疼痛，视觉模糊，有中心暗点，一段时间后才能恢复。如长期反复作用，导致逐渐使视力减退。

电弧辐射所发出的红外线对眼睛的损伤是一个慢性过程。眼睛晶状体长期吸收过量的红外线后，将使其弹性变差，调节困难，导致视力减退。严重者还将使晶状体混浊，损害视力。

焊工一天工作后，如自觉双眼发热，大多是吸收了过量红外线所致。

电弧辐射所发出的紫外线照射人眼后，导致角膜和结膜发炎，产生"电光性眼炎"，属急性病症，使两眼刺痛、眼睑红肿痉挛、流泪、怕见亮光，症状可持续1~2天，休息和治疗后，将逐渐好转。

2. 电弧辐射的防护措施

（1）在焊接作业区严禁直视电弧，焊工在焊接时必须使用镶有品质合格的焊接滤光片的面罩。

（2）施焊时焊工应穿着标准规定的防护服，施焊场地应用围屏或挡板与周围隔离，必须有较强的照明。

（3）增强个人防护意识，注意眼睛的适当休息，在使用焊接滤光片时要检查其产品合格证及对紫外线和红外线滤光性能的检验证书，拒绝使用无证的焊接滤光片。

（三）高频电磁场

1. 高频电磁场的危害

非熔化极氩弧焊和等离子弧焊为了迅速引燃电弧，需由高频振荡器来激发引弧，故存在高频电磁场。人体长期在高频电磁场的作用下，会引起神经衰弱及植物神经功能紊乱，严重时会使血压不正常等。

2. 高频电磁场的防护措施

（1）减少高频电的作用时间。

（2）在不影响使用的情况下，降低振荡器频率。

（3）保持工件良好的接地，能大大降低高频电流，接地点距工件越近，情况越能得到改善。

（4）屏蔽把线及软线。

（四）粉尘及有害气体

1. 粉尘及有害气体的危害

粉尘与有害气体的多少与焊接工艺、参数及保护气体成分有关。例如，用碱性焊条焊接时产生有害气体比酸性焊条高；气体保护焊，保护气体在电弧高温作用下能离解出对人体有影响的气体。焊接粉尘和有害气体如果超过一定浓度，工人在这些条件下长期工作，对健康的短期影响表现为呼吸道的刺激、咳嗽、胸闷、金属蒸气所致的低热以及急性流感症状等；长期的影响是肺部的铁质沉着病症及良性瘤，形成尘肺、焊工金属热等职业病。

2. 粉尘及有害气体的防护措施

（1）工艺方面。采用无烟或少烟尘的焊接工艺；开发和使用低尘低毒的焊接材料；提高焊接机械化和自动化程度。

（2）采取有效的通风排烟措施。

（3）应用电焊烟尘离子电荷抑制技术。

(4) 加强个人防护，佩戴防尘防毒面具、口罩等。

（五）噪声

1. 噪声的危害

在焊接生产现场会出现不同的噪声源，如对坡口的打磨、装配时锤击焊缝修整、等离子弧切割等，在生产现场，操作人员在噪声 90 dB 时工作 8 h 就会对听觉和神经系统有害。

噪声对人体的影响是多方面的。首先是对听觉器官，强烈的噪声可以引起听觉障碍、噪声性外伤、耳聋等症状。此外，噪声对中枢神经系统和血管系统也有不良作用，引起血压升高，心跳过速，还会使人厌倦、烦躁等。

2. 噪声的防护措施

（1）采用低噪声工艺及设备。例如，采用热切割代替机械剪切；采用碳弧气刨、热切割坡口代替铲坡口；采用整流、逆变电源代替旋转直流电焊机等。

（2）采取隔声措施。对分散布置的噪声设备，宜采用隔声罩；对集中布置的高噪声设备，宜采用隔声间；对难以采用隔声罩或隔声间的某些高噪声设置，宜在声源附近或受声处设置隔声屏障。

（3）采取吸声、降噪措施，降低室内混响声。

（4）操作者应佩戴隔声耳罩或隔声耳塞等个人防护器具。

任务分析　垂直骑坐式管板焊接工艺

一、焊前准备

垂直骑坐式管板焊接工艺采用的是焊条电弧焊，如图 3-25 所示，其焊前准备工作包括焊接材料的准备、焊接设备的准备以及焊件的准备。

（1）焊接材料的准备。

①焊接材料的选择。

②焊条烘干。

（2）焊接设备的准备。

①焊接设备的选择。

②焊条电弧焊电源的调节。

（3）焊件的准备。

①坡口的选择与制备。

②工件的清理与装配。

③焊前预热。

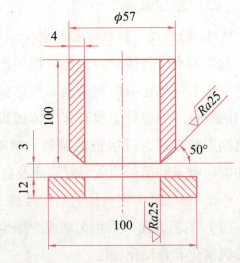

图 3-25　骑坐式管板焊接坡口及尺寸图

二、焊接参数的确定

焊接参数是为了保证焊接质量而选定的各个参数的总和。手工电弧焊的焊接参数包括焊条直径、焊接电流、电弧电压、焊接速度和焊接层数等。焊接参数的选择，直接影响焊接质量和生产率。

1. 焊条直径

为提高生产率，通常选用直径较粗的焊条，但一般不大于 6 mm。工件厚度在 4 mm 以下的对接焊时，一般用直径小于或等于工件厚度的焊条，焊条直径与焊件厚度的关系如表 3-2 所示。焊接厚度较大的工件时，一般接头处要开坡口，在进行打底层焊时，可采用直径为 2.5~4 mm 的焊条，之后的各层均可采用直径为 5~6 mm 的焊条。立焊时，焊条直径一般不超过 5 mm，仰焊时则应不超过 4 mm。

表 3-2 焊条直径与焊件厚度的关系

焊件厚度/mm	2	3	4~7	8~12	9~13
焊条直径/mm	1.6~2.0	2.0~3.2	3.2~4.0	4.0~5.0	4.0~6.0

2. 焊接电流

焊接电流对焊件的质量有很大的影响，电流过大会使焊条药皮失效，同时使金属的熔化速度加快，加剧金属的飞溅，易造成焊件烧穿、咬边等缺陷；电流过小会造成夹渣、未焊透等缺陷，降低焊接接头的力学性能。

焊接电流的大小主要根据焊条的直径和焊缝的位置来确定，焊接电流与焊条直径的关系一般可按下列经验公式计算：

$$I = (30 \sim 55)d$$

式中，I 为焊接电流，A；d 为焊条直径，mm。

选择焊接电流还要考虑焊缝的空间位置。焊接平焊缝时可以选择较大的电流，而横焊、立焊和仰焊的电流要比平焊小 10%~20%。实际操作中，可根据经验来判断所选择的焊接电流是否合适。

1）听声音

焊接时可以通过电弧的响声来判断电流大小。当焊接电流较大时，发出"哗哗"的声音；当焊接电流较小时，发出"唑唑"的声音，容易断弧；焊接电流适中时，发出"沙沙"的声音，同时夹着清脆的"噼啪"声。

2）看飞溅

电流过大时，飞溅严重，电弧吹力大，爆裂声响大，可以看到大颗粒的熔滴向外飞出；电流过小时，电弧吹力小，飞溅小，熔渣和铁液不易分清。

3）看焊条熔化情况

电流过大时，焊条用不到一半就会发红，出现药皮脱落现象；电流过小时，焊条熔化困难，易与焊件粘连。

4）看熔池状况

电流较大时，椭圆形熔池长轴较长；电流较小时，熔池呈扁形；电流适中时，熔池呈鸭蛋形。

5）看焊缝成型

电流过大时，焊缝宽而低，易咬边，焊波较稀；电流较小时，焊缝窄而高，焊缝与母材熔合不良；电流适中时，焊缝成型较好，高度适中，细腻平滑。

3. 电弧电压

电弧电压由电弧长度决定。电弧长则电弧电压高，反之则低。焊接过程中为保证焊缝质量，一般要求电弧长度不超过焊条直径。

4. 焊接速度

焊条沿焊接方向移动的速度称为焊接速度。焊接速度对焊接质量影响很大，一般在保证焊透和焊缝良好成型的前提下，应快速施焊；但焊速过快，易产生焊缝的熔深小、焊缝窄及焊不透等缺陷；焊速过慢，容易将焊件焊穿。

5. 焊接层数

中厚板焊接时，要加工坡口，进行多层多道焊。一般每层焊缝厚度宜不超过 4 mm。

三、焊接接头、坡口、焊接位置

1. 焊接接头

将两个工件焊接在一起时，两个工件的相对位置决定了它们的接头形式。常用的焊接接头形式有对接接头、搭接接头、角接接头和 T 形接头，如图 3-26 所示。其中，对接接头受力比较均匀，是最常用的一种焊接接头形式，重要的受力焊缝应尽量选用对接接头。

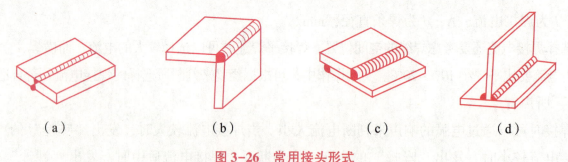

图 3-26 常用接头形式
(a) 对接；(b) 搭接；(c) 角接；(d) T 形接

2. 坡口

坡口是在焊接过程中，为满足零件设计和工艺的要求，同时为了焊透、减少焊件熔入熔池的相对数量及焊接完成后清渣的方便，将焊件的待焊接部位加工成一定形状的沟槽。焊薄件时，在接头处只要留有一定间隙，采用单面焊或双面焊可以保证焊透。焊件较厚时，为了保证焊透，则需焊前把焊件待焊处加工成所需要的几何形状，称为开坡口。对接接头常见的坡口形式如图3-27所示。加工坡口时，常在焊件厚度方向留有直边，称为钝边，以防止烧穿；接头组装时，常留有间隙，以保证焊透。施焊时，对I形、Y形、双Y形、V形和U形坡口，可根据实际情况，采用单面焊或双面焊完成。双面焊容易保证焊透，多用于要求焊透的受力焊缝，双Y形、X形坡口只能采用双面焊。

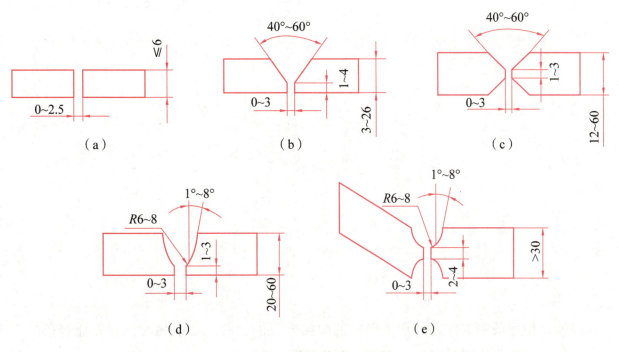

图 3-27 常见的坡口形式

(a) I形坡口；(b) Y形坡口；(c) 双Y形坡口；(d) V形坡口；(e) X形坡口

3. 焊接位置

熔焊时，焊缝所处的空间位置称为焊接位置，有平焊、立焊、横焊和仰焊四种，如图3-28所示。平焊时熔化金属不易外流，操作方便，生产率高，劳动条件好，焊缝质量容易保证。立焊、横焊次之，仰焊最差。

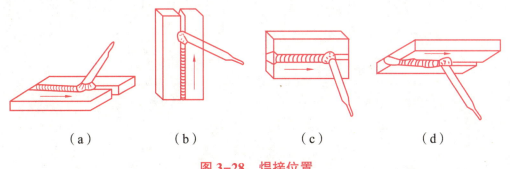

图 3-28 焊接位置

(a) 平焊；(b) 立焊；(c) 横焊；(d) 仰焊

四、焊接基本操作技术

在进行手工电弧焊时，焊条末端和工件之间的电弧产生高温，使焊条药皮、焊芯熔化，熔化的焊芯端部形成细小的金属熔滴，通过弧柱过渡到局部熔化的工件表面，并熔化工件一起形成熔池。随着焊条以适当速度在工件上连续向前移动，熔池液态金属逐步冷却结晶，形成焊缝，如图3-29所示。药皮熔化过程中产生气体和熔渣，使熔池、电弧和周围空气隔绝，熔化了的药皮、焊芯、工件发生一系列反应，保证形成焊缝的性能。熔渣冷却凝固后形成的渣壳要清除掉。

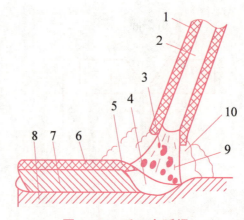

图3-29　手工电弧焊

1—药皮；2—焊芯；3—熔滴；4—熔池；5—熔渣；6—渣壳；
7—焊缝；8—母材；9—电弧；10—保护气

1. 引弧

引弧就是使焊条和工件之间产生稳定的焊接电弧的过程。在引弧时，首先让焊条的末端与工件的表面接触造成瞬时短路，然后迅速提起焊条，使焊条与工件的距离为2~4 mm，即可引燃电弧。应注意焊条提起的距离不要过高，否则会熄灭电弧；也不要过低，否则焊条会粘在工件上。常用的引弧方法有敲击法和划擦法，如图3-30所示。

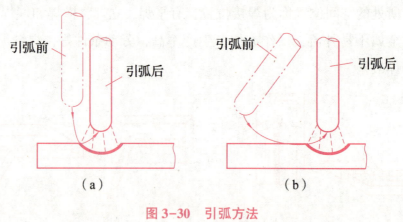

图3-30　引弧方法

(a) 敲击法；(b) 划擦法

1) 敲击法

将焊条末端对准焊件，然后手腕下弯，使焊条轻微碰一下焊件，再迅速提起焊条2~4 mm，手腕托稳焊钳，保持电弧稳定燃烧。这种方法不会使焊件表面划伤，在生产中常用。

2) 划擦法

先将焊条对准焊件，将焊条像划火柴似的在焊件表面轻微划动一下，即可引燃电弧，然后迅速将焊条提起2~4 mm，并保持电弧稳定燃烧。

2. 运条

焊条的操作运动简称运条，它是一种合成运动。电弧引燃后，焊条一般有三个基本动作，即朝熔池方向逐渐送进、沿焊接方向逐渐移动、横向摆动，如图 3-31 所示。

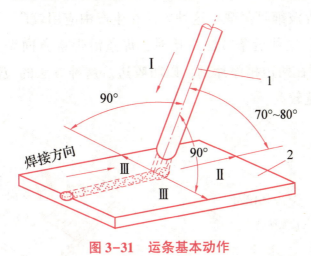

图 3-31 运条基本动作

Ⅰ—向下送进；Ⅱ—沿焊接方向移动；Ⅲ—横向往复摆动

（1）焊条朝熔池方向送进速度要与焊条熔化速度相等。若焊条送进速度过慢，会发生电弧过长或断弧现象；若焊条送进速度过快，焊条来不及熔化就与焊件粘在一起。

（2）焊条沿焊接方向移动逐渐形成一条焊道。焊条向前移动速度过快，会出现焊道较窄、熔合不良的现象；焊条向前移动速度过慢，会出现焊道过高、过宽和薄焊件烧穿的现象。

（3）焊条的横向摆动是为了得到一定宽度的焊缝。焊件越厚，摆动越宽。V 形坡口比 I 形坡口摆动宽，外层比内层摆动宽。

常用的运条方法有以下五种：

（1）直线形运条法。焊条角度如图 3-32 所示。这种运条方法焊接时，焊条不作横向摆动，仅沿焊接方向做直线移动；要采用短弧焊接，保持均匀稍慢的焊速，保证焊缝熔合良好；常用于 I 形坡口的对接平焊、多层多道焊。

（2）直线往复运条法。这种运条方法焊接时，电弧长 2~4 mm，焊条沿焊缝纵向快速往复摆动，如图 3-33 所示。特点是焊接速度快，焊缝窄而低，散热快；适用于薄板和接头间隙较大的多层焊的第一层焊接。

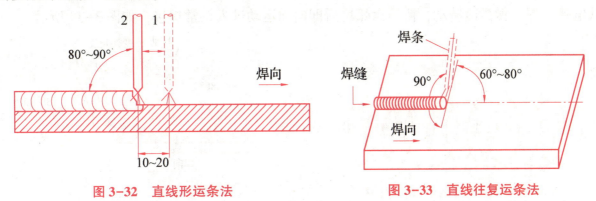

图 3-32 直线形运条法　　　　图 3-33 直线往复运条法

(3) 锯齿形运条法。这种运条方法焊接时，焊条角度如图 3-34 所示，引弧起头方法如图 3-35 所示。焊接采用短弧，焊条锯齿形连续摆动及向前移动，运条方法如图 3-36 所示。一般焊条横摆宽度为 6~8 mm，两侧停留且时间相等，摆动排列要密集，以保证焊缝整齐，两侧与母材熔合良好，焊波细腻美观。这种方法在生产中应用较广，多用于厚板对接焊。

(4) 月牙形运条法。这种运条方法焊接时，焊条沿焊接方向做月牙形的左右摆动，如图 3-37 所示。同时需要在两边稍停片刻，以防咬边。这种方法的应用范围和锯齿形运条法基本相同，但焊出的焊缝较高。

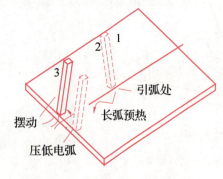

图 3-34　锯齿形运条焊条角度

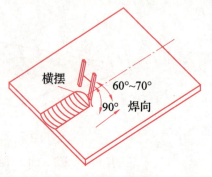

图 3-35　锯齿形运条引弧起头方法

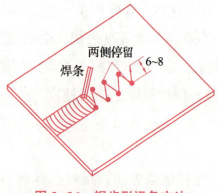

图 3-36　锯齿形运条方法

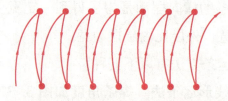

图 3-37　月牙形运条法焊条的移动

(5) 正圆圈形运条法。这种运条方法焊接时，焊条连续做正圆圈形运动，并向前移动，如图 3-38 所示。这种方法适用于焊接厚焊件的平焊缝。

3. 接头

常用的接头方法是在先焊焊道弧坑前面约 10 mm 处引弧，拉长电弧移到原弧坑 2/3 处，压低电弧，焊条做微微转动，待填满弧坑后即向前运动进入正常焊接，如图 3-39 所示。

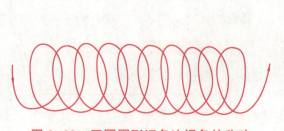

图 3-38　正圆圈形运条法焊条的移动

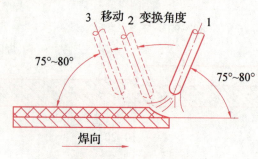

图 3-39　接头方法

4. 收尾

焊道的收尾动作不仅是熄弧，还需填满弧坑。常用的收尾方法有三种：

1）划圈收尾法

当焊至终点时，焊条在熔池内做圆圈运动，直到填满弧坑再熄弧。此方法适用于厚板焊接，用于薄板焊接有烧穿危险。

2）反复断弧（灭弧法）收尾法

当焊至终点时，焊条在弧坑处反复熄弧、引弧数次，直到填满弧坑为止。此方法适用于薄板焊接。

3）回焊收尾法

当焊至终点时，焊条停止但不熄弧，而是适当改变回焊角度，再回焊一小段（约 10 mm）距离，待填满弧坑后，缓慢拉断电弧，如图 3-40 所示。此方法适用于碱性焊条。

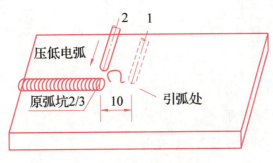

图 3-40　回焊收尾法

5. 焊缝熔渣的清理

用敲渣锤从焊缝侧面敲击熔渣使之脱落。为防止热熔渣灼伤脸部皮肤可用焊帽遮挡。焊缝两侧飞溅可用錾子清理。

任务生产　垂直骑坐式管板装配焊接生产任务

一、任务说明

任务说明如下：

（1）考核项目：垂直骑坐式管板焊接。

（2）考试时间：90 min。

（3）检验项目：外观检查。

（4）合格标准：60 分。

二、备料清单

备料清单如表 3-3 所示。

表 3-3　备料清单

序号	项目	名称	规格	数量	备注
1	场地准备	①焊接工位	—	1工位	
		②焊接操作架（固定试件）		1个	
2	钢材准备	20#钢板	100 mm×100 mm×12 mm	各1块	
		20#钢管	φ57 mm×4 mm×100 mm		
3	焊接材料准备	E4303	φ3.2 mm、φ2.5 mm		可根据需要选择
4	焊接设备准备	手工电弧焊焊机	—	1台	
5	加工工具准备	①操作台	—	1台	可根据需要选择
		②台虎钳		1台	
		③克丝钳		1把	
		④钢丝刷		1把	
		⑤锉刀		1把	
		⑥活动扳手		1把	
		⑦台式砂轮或角向磨光机		1台	
6	检验工具	焊接检验尺	—	各1把	
		钢直尺			
		放大镜			
7	焊接工具准备	①焊工面罩及护目镜片	手工电弧焊机规格≥300 A	1套	可根据需要选择
		②焊接电缆及电焊钳		1套	
		③手锤		1把	
		④扁铲（扁铲、尖铲等）		1套	
8	劳保用品准备	①工作服	—	1套	
		②工作帽		1顶	
		③焊工手套		1副	
		④焊工防护鞋		1双	

三、任务内容

任务内容为垂直骑坐式管板焊接：

（1）试件材质：20#钢板、20#钢管两块，尺寸如图3-41所示。

（2）焊接方式：管板横焊。

（3）焊接方法：手工电弧焊。

(4) 焊条：E4303。

(5) 质量要求：

①试件表面应无裂纹、未熔合、夹渣、气孔和焊瘤等缺陷；

②试件焊完后，应将其表面的熔渣、飞溅等清理干净，焊缝表面应是原始状态，不允许补焊、修磨等处理。

(6) 考试时间：90 min。

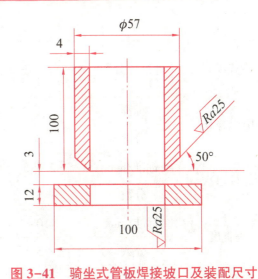

图 3-41 骑坐式管板焊接坡口及装配尺寸

四、任务须知

任务须知如下：

(1) 间隙自定，试件离地面高度自定。

(2) 打底焊接及填充层焊缝允许磨削，盖面后保持原始状态，不允许修磨。

(3) 试件位置按规定固定，整个焊接过程中（包括层间清理）不准采用其他位置。

(4) 试件焊完后，应用扁铲、钢丝刷等清理焊件表面的焊渣、飞溅，试件应保持原始状态，不允许补焊、修磨或任何形式的加工。

(5) 在整个任务过程中，遵守电焊工安全操作规程，做到文明生产。

任务检测　垂直骑坐式管板质量检测及技术要求

(1) 采取百分制计算最终成绩。

(2) 考核项目评分标准如表3-4所示。

表 3-4 考核项目评分标准

明码号		评分员签名		合计分		实际得分
检查项目	标准、分数	焊缝等级				
		Ⅰ	Ⅱ	Ⅲ	Ⅳ	
焊脚尺寸	标准/mm	≥10，≤10.5	>10.5，≤11	>11，≤12	<10，>12	
	分数	10	8	6	0	
焊缝凸度	标准/mm	≤1	>1，≤2	>2，≤3	>3	
	分数	10	8	6	0	
咬边	标准/mm	0	深度≤0.5，长度≤15	深度≤0.5，长度>15，≤30	深度>0.5 或 深度≤0.5，长度>30	
	分数	10	8	5	0	

续表

检查项目	标准、分数	焊缝等级				实际得分
		Ⅰ	Ⅱ	Ⅲ	Ⅳ	
电弧擦伤	标准	无	有	—	—	
	分数	5	0	—	—	
焊接道次	标准/mm	2 或 3	其他	—	—	
	分数	5	0	1	0	
垂直度	标准/mm	0	≤1	>1，≤2	>2	
	分数	5	3	1	0	
表面气孔与夹渣	标准	无	有	—	—	
	分数	5	0	—	—	

交流学习

复习思考题

1. 焊接参数分为哪几种？各有何特点？
2. 焊接过程中劳动保护方案有哪些？
3. 简述垂直骑坐式管板焊接工艺的一般步骤。

学习总结

本任务学习了焊接结构装配焊接的知识。请学习总结本任务的学习内容，建议学习总结包含以下主要因素：

1. 你在本任务中学到了什么？
2. 你在团队共同学习的过程中，曾扮演过什么角色，对组长分配的任务你完成得怎么样？
3. 对自己的学习结果满意吗？如果不满意，那你还需要从哪几个方面努力？对接下来学习有何打算？
4. 学习过程中经验的记录与交流（组内）。
5. 你觉得这个任务哪里最有趣？哪里最无聊？

参 考 文 献

[1] 朱耀祥,浦林祥,廖海明,等.现代夹具设计手册[M].北京:机械工业出版社,2009.
[2] 邓洪军.焊接结构生产[M].北京:机械工业出版社,2019.
[3] 兆文忠,李向伟,董平沙.焊接结构抗疲劳设计理论与方法[M].北京:机械工业出版社,2017.
[4] 唐红元,陆跃文,杨利容,等.钢结构基本原理[M].重庆:重庆大学出版社,2016.
[5] 郑文杰.焊接结构生产[M].长春:吉林科学技术出版社,2019.
[6] 王海峰.焊接结构生产[M].3版.北京:机械工业出版社,2022.
[7] 冯菁菁.焊接结构生产[M].北京:机械工业出版社,2023.
[8] 刘云龙.焊工(中级)[M].北京:机械工业出版社,2012.
[9] 王飞.金工实训[M].2版.北京:北京邮电大学出版社,2021.
[10] 凌人蛟.焊接结构生产[M].北京:机械工业出版社,2017.